Human Nature & Culture
우 리 땅, 생태문화이야기

우리역사가 시작되는

# 백두산의 생태문화

구본학

문운당

10월 어느 날,
백두산 천지에는 이미 하얗게 눈이 내렸다.
구름 한 점 없이 맑은 하늘과 보석처럼 빛나는 천지 수면을 가득 채운 햇볕,
그리고 준령영봉들을 품은 흰 눈조차 온통 짙푸르다.

백두산 비룡폭포 및 이도백하 전경.
폭포 위쪽이 천지로 들어가는 입구 승사하, 폭포 아래 하얀 물줄기가 이도백하,
폭포 오른쪽 터널 속 층계를 통해 숨 가쁘게 오르다보면 어느덧 천지에 이른다.

# 책머리에

하늘 아래 가장 높은 곳, 백두에 올라 천하를 논한다.

하늘도, 천지라 불리는 깊은 물도, 마음까지도 한껏 파랗다.
회백색 산머리를 온통 덮은 하얀 눈은 차가운 은색으로 부서지는 태양빛으로 눈부시다.
마치 은빛 용처럼 꿈틀대며 하얗게 빛나는 짙푸른 태고의 전설이다.

21세기가 막 시작되는 새천년 밀레니엄 시대 여명이 밝아오던 어느 10월.
단풍이 절정을 이루던 아름다운 땅 금수강산을 잠시 벗어 난 우리 일행은, 우리 조상들이 사랑했던 만주벌판 간도의 한복판 연변대학에서 개최된 〈한중일 생태문화포럼〉 학술세미나를 마치고 서울대와 상명대, 중국 연변대, 일본 교토대에서 참가한 전문가들과 함께 백두산 탐방길에 올랐다.

단풍이 절정을 이루는 가을 한복판임에도 백두산을 오르는 길은 이미 하얗게 눈이 덮인 겨울의 문턱을 훨씬 지났고, 우리는 백설처럼 빛나는 눈길 위에 첫 발자국을 남기며 조심스럽게 한걸음씩 발걸음을 내딛었다.

비단결같이 쏟아져 내리던 비룡폭포는 물줄기의 울퉁불퉁한 근육질 그대로 뽐내며 북국의 얼음왕국처럼 꽁꽁 얼어붙었다.

미처 날아오르지 못한 채 깊은 겨울잠에 빠진 용을 깨우지 않으려 조심스럽게 발걸음을 옮기면서 비룡폭포 옆 천지로 이어지는 터널 속으로 난 돌층계를 따라 백두산 북쪽 탐방로를 오르면, 백두16봉의 사이로 천지의 신비를 담은 채 하늘로 오른다는, 승차하라고도 불리는, 승사하 작은 물길이 달문이라고도 불렸던 커다란 못(대택), 하늘의 못(천지)으로 안내한다.

그리고 해마다 또 다시 찾은 백두산.
저자는 동북아 최고봉인 백두산을 10여차례 오르면서, 더구나 10%의 선택받은 사람에게만 허락한다는 맑고 깨끗한 천지를 그 때마다 단 한 번도 빠짐없이 속속들이 들여다 보면서, 백두산 가슴 속 깊이 간직된 우리 역사의 과거와 현재, 그리고 미래를 생각하곤 하였다.

백두산은...
일찌기 환인(桓因; 제석帝釋)의 아들 환웅(桓雄; 단웅, 신웅)이 천부인 세 개를 받아 풍백(風伯), 운사(雲師), 우사(雨師)와 3천 무리를 이끌고 내려와 신단수 아래 신시(神市)를 열고 홍익인간의 뜻을 폈던, 우리민족이 시작된 곳이며 정신적 중심지이다. 백두대간이라는 핵심생태축이 시작되는 백두산, 풍수의 지기가 시작되고 혈이 모이는 한반도의 조종산이며 진산이다.

백두산의 옛이름 불함산(不咸山)은 신선들만 산다는 신비로운 산으로서, 역시 신선들의 세상이라는 삼신산과 비견되며 동방의 곤륜산(崑崙山)이라고도 불린다. 불함은 아마도 동아시아와 중앙아시아를 무대로 살아 온 민족들이 신령한 기운이 시작된다고 믿는 부루한 또는 불한과 같으며, 이는 샤먼 사상의 정신적 중심일 것이리라.

세상의 기운이 모인 곤륜산... 황제와 서왕모와 온갖 신들이 사는 세상의 중심 곤륜산 가닥이 북동으로 뻗어 의무려산(醫巫閭山)이 되고 요동벌판을 건너 동방의 불함산 즉 백두산에 모든 기운이 다시 모여 마침내 한민족의 시간과 공간이 된다.

그래서인가? 우리 민족 5천년의 시작인 고조선의 발상지가 백두산이 아니라 요령성 북진에 있는 의무려산이라는 견해들이 종종 제기된다. 조선조 이래 몇 학자들이 의무려산을 얘기한다고 했다. 졸본부여(주몽)의 도읍지, 동이족(우리민족)과 중국족이 만나는 명산, 북방 영토의 주산... 등.

그럼에도 백두산이 지니는 상징성과 존재감은 의무려산이나 다른 어느 것들도 감히 비교할 수 없을 정도로 넘쳐나 곤륜산의 정기를 고스란히 지닌다.

백두에는 세상에서 가장 높고 깊고 푸른 대택 천지가 있다.
백두에는 세상에서 가장 높고 넓고 태고의 원시를 간직한 이탄습지가 있다.
백두에는 세상에서 가장 깊고 거친 1만년의 역사를 간직한 금강대협곡(백두산대협곡)과 압록강대협곡이 있다.

백두에는 세상에서 오직 홀로 지상과 지하가 똑같은 원시 숲이 있다.
백두에는 하늘로 힘차게 뛰어오르는 비룡의 물줄기가 있다.
백두에는 지난 1만년동안 가장 엄청난 규모로 불을 내뿜어 지구를 온통 덮었던 화산의 역사를 고스란히 간직하고 있다.

백두산은 세상의 모든 생태계와 땅과 물의 정기가 모여 또다시 흩어지는 기운의 중심이며, 우리 민족의 중심이며, 북방 여진과 거란과 뭇 백성들조차 그들의 중심으로 숭배한다.

백두산이라는 이름이 갖는 무게와 상징성은 이루 말로 다 할 수 없을 것이다.
백두산은 저자 따위가 감히 입에 담아서는 안 되는 신령한 존재임에 틀림없다.
그럼에도 이 작은 책을 통해 백두산을 이야기하는 것은 세상의 중심 백두산을 경외하고 사랑하는 작은 애정표현이라고 애써 변명해본다.

백두산을 함께 올랐던 국제생태문화포럼과 상명대학교 환경생태계획연구실 가족들에게 감사드리며, 북한쪽 동백두 사진을 기꺼이 제공해주신 연변대학교 김석주 교수에게도 감사드린다.
사랑하는 아들 한울, 딸 한별에게 백두산을 사랑하는 마음을 함께 나눈다.

2019년 2월

백두대간의 한줄기 금북정맥의 중심
태조산 안서골 상록관에서
백두산을 경외하고 사랑하는 마음을 담아,

구본학 / ecoculture@smu.ac.kr
ecoculture9@gmail.com

# 프롤로그

백두산.
백두대간 출발점인 백두산은 모든 산의 근원이며 모든 지기가 출발하는 신성한 성소이다.

백두대간.
백두에서 지리까지 이어지는 하나의 산줄기를 우리는 백두대간이라 부른다.
백두에서 모인 하늘의 기운은 땅의 기운이 되어 백두대간을 타고 온 땅에 그 기운을 펼친다.
백두대간은 우리나라에서 가장 중요한 핵심 생태계로서 생태계의 보고로 평가된다. 그리고 백두대간에서 갈라진 1정간과 13정맥은 백두산 정기를 우리 땅 곳곳에 뿌려 하나의 기운으로 엮어간다.
땅 끝으로부터 모아온 지기들은 하늘과 가장 가까운 곳 백두에서 하나 되어 널리 사람들을 이롭게 한다.

육당 최남선의 『백두산근참기(白頭山覲參記)』는 백두산을 이렇게 묘사한다.

> **"가고 가도 여전한 밀림지대이다.**
> **하루쯤으로야 우리의 장원심밀(長遠深密)한 지미(至味)를 다 알겠느냐 하는 듯, 이깔나무의 장림은 여전히 그 끌밋한 맵시와 싱싱한 빛과 삑삑한 숱으로써 ..."**

(출처 : 최남선. 백두산근참기. 온이퍼브. 2014)

『백두산근참기』는 육당선생이 백두산을 다녀온 이후 1926년 7월 24일부터 8월 7일까지 동아일보 백두산 탐사대와 함께 백두산을 등정한 후 신문에 연재하였고, 이듬해 1927년에는 한성도서주식회사(漢城圖書株式會社)에서 단행본으로 출간하기도 하였다.

**NASA가 공개한 위성영상으로 바라 본 백두산과 천지**
(https://earthobservatory.nasa.gov/IOTD/view.php?id=88020)

# 차 례

## 제1장 우리 민족이 시작되는 백두산



## 제2장 천하제일봉 백두



## 제3장 동서남북 사방으로 올라가는 백두산

## 제4장 하늘 아래 가장 높은 천지 그리고 호수와 폭포

## 제5장 백두산을 흐르는 하천과 협곡과 계곡들



## 제6장 백두산 동식물과 독특한 생태계

우리 역사가 시작되는 **백두산의 생태문화**

# 우리 민족이 시작되는 백두산

# [1] 민족의 영산 백두산

## 1. 한민족이 시작되는 백두산 이야기

천하명산.

우리들은 백두산을 이렇게 부른다. 아니, 예로부터 우리 땅과 동북아와 아마도 지구상의 모든 민족들은 백두산을 일컬어 천하명산이라 불렀다.

오천년을 넘어 영원의 시간을 간직한 성스러운 산, 중후하고 신비한 아름다움을 지닌 천하절경의 명산, 백두산.

우리 민족의 발상지이며 여진족의 성지로도 숭상되는 백두산은 야수의 왕이라 불리는 백두산호랑이의 고향이며, 극동표범의 근거지이기도 하다. 이들이 한반도에서는 멸종된 것으로 판단되지만 여전히 백두산에서 북동 만주와 멀리 시베리아에 이르는 구간에 수십 개체들이 야생 상태로 살아가고 있는 것으로 파악되고 있다.

[그림 1-1]
백두산 전경
천지 건너편 오른쪽으로 보이는 장군봉은 북한 땅이다. 장군봉 아래 천지는 또 다른 모습으로 다가온다.

백두산은 옛부터 우리 민족의 영산으로 숭배되어 왔고 수많은 전설들이 지금까지 전해오고 있다.

고려 말 일연(一然)의 『삼국유사』〈기이편〉에 전하는 단군신화에 의하면, 환인(제석천)의 아들 환웅천왕(또는 신웅이라고도 함)이 널리 사람들을 이롭게 하고자 하늘에서 천부인 3개를 받고 무리 3천명과 풍백, 우사, 운사를 이끌고 '태백산(太伯山)' 신단수에 내려와 신시를 세웠다고 전한다. 환웅이 웅녀와 결혼하여 낳은 아들인 단군이 고조선을 건국한 시기가 기원전 2333년이니 아마도 기원전 3000년쯤 되지 않을까 싶다.

환웅이 내려왔다는 태백산에 대해서는 여러 설이 있지만 아마도 바로 이곳 백두산을 의미한다고 생각한다.

육당의 『백두산근참기』에서도 백두산을 '조선국(朝鐥國) 태생지'라고 인식함으로써 이 부분을 강조하고 있다.

> "오랜 전승을 거(據)하건대, 조선 인문의 창건자는 실로 이 백두산으로서 그 최초의 무대를 삼아서, 이른 바 홍익인간의 희막(戱幕)을 개시하고, 그 극장을 이름하되 신시(神市)라 하였다 한다. 이것이 단군의 탄강지(誕降地)요 조선국의 출발점이라 한다..."
>
> (출처 : 최남선. 백두산근참기. 온이퍼브. 2014)

태백산에 대한 몇 가지 다른 의견들도 있다.

우선 고려시대 일연의 『삼국유사』에 '태백산은 곧 묘향산'이라는 기록에 근거하여 영변 묘향산으로 여기는 견해로서, 지금도 영변 지역에 묘향산이 있다 보니 굳이 의심해볼 생각 없이 받아들였던 의견이다. 그런데 일연이 활동하던 고려시대는 백두산 일대가 여진족의 터전이었고 백두산의 종교적 상징성이 상당부분 영변 묘향산으로 대체되었기 때문에 태백산을 백두산이 아닌 묘향산으로 기록되었다는 설도 있다.

그런가 하면 조선시대 숙종 때 북애자(北崖子)의 『규원사화』나 안정복의 『동사강목』, 이색의 『묘향산기』 등에서는 묘향산은 곧 백두산이라고 주장하였다. 즉, 묘향산은 백두산에서 향목이 많이 난다는 의미의 불교적 배경을 지닌 명칭이라는 의견이다.

한편 『삼국사기』에서는 고구려 유민이 북쪽 태백산에서 발해를 건국하였는데 이는 곧 백두산이라는 기록과, 신채호 등은 백두산이 곧 환웅이 내려 온

태백산이라는 주장을 강조하였다. 이 견해에 의하면 현재의 강원도 태백산은 태양신에게 제사를 지낸 '남쪽 백산'이라는 것이다.

## 2. 여러 민족의 성지 백두산

동북아 최고봉 백두산은 한민족과 국가의 발상지이며, 생명력 있는 산으로서 민족의 성산이며 신령한 산으로 숭앙받고 있다. 백두산은 우리 한민족의 발상지이며 고조선, 부여, 고구려, 발해 등이 백두산에 기원을 두고 있다. 우리 민족이 백두산을 민족의 성산으로 본격적으로 숭상한 것은 고려시대 태조 왕건의 탄생 설화부터라고 추정되고 있다.

『고려사』에 의하면 태조 왕건의 5대조 조상인 원덕대왕(元德大王) 호경(虎景)이 '백두산 넘어 남쪽(개경)으로 이주해 온 옛 고구려의 씨족'이라고 기술하고 있다. 또한 조선도 백두산 일대까지 진출하는 것이 중요한 과제였다.

그런데 백두산은 국가와 민족을 초월한 모든 사람들의 상징이며 문화의 출발점이다. 백두산은 우리 민족을 비롯하여 여진족 등 동북아 일대를 근거지로 활동하던 민족들에게는 민족의 출발점이면서 국토의 상징적 중심지로서 숭배되고 있다. 그러다보니 2007년 중국 장춘에서 개최된 동계 아시아경기대회 성화는 백두산 천지에서 채화되었다.

[그림 1-2]
2007 장춘동계아시아경기 성화 채화
(자료 : 한중일 관광협력기구, 2013, 백두산네트)

청나라와 금나라를 세운 여진족도 백두산에 기원을 두고 있어 백두산을 중심으로 우리 민족과 문화적으로 공통의 관심이 있다. 여진족은 백두산을 발상지로 섬기기까지 하고 그 까닭에 여진족이 세운 나라인 금나라와 청나라에서는 백두산 신령에게 제를 지낸 적도 있었다.

금나라 역대 황제들이 제를 지내면서 '흥국령응왕'으로 봉하기도 하였으며, 나중에는 '개천홍성제'로 봉하여 사찰을 짓고 제를 지냈다. 청나라 왕조 때는 '왕업 창립의 고장'으로 여겼으며 '장백산지신'이라고 이름을 붙여 최상의 존칭으로 삼았다.

청나라 『청사사고 반조반기』에 의하면 청나라 태조 누루하치의 어머니는 선녀였다고 하며, '천녀욕궁지(원지, 옥녀못)'에 내려와 목욕을 하던 중 붉은 과실을 먹고 임신하여 누루하치를 낳았다고 한다. 천녀욕궁지는 백두산 기슭의 중국 측 두만강 발원지로 알려진다.

누르하치의 증손자로서 청나라의 전성기를 이끌었던 제4대 황제인 청나라 강희제 16년(1677년), 봉금을 실시하여 몽골인과 한족의 출입을 금지하고 오직 청나라 관리만 출입할 수 있도록 하였다.

아울러,

"장백산은 우리 조종의 발상지인데, 아직까지 정확하게 아는 사람이 없다"

며 무묵남 등 장군 4명에게 기록을 정리하라는 명령을 내렸다. 무묵남은 군인 200여 명을 이끌고 원시림의 나무를 베고 길을 내는 대규모 탐험을 했다. 청나라 정부에서 처음으로 백두산을 확인한 공식 기록이다.

1682년에는 강희제가 길림성으로 직접 가서 백두산에 망제(望祭)를 지낼 정도로 청나라에서는 백두산을 단순한 산이 아니고 청나라의 발상지라는 인식을 갖고 있었다.

## 3. 이상향으로서의 백두산

옛 선조들은 백두산을 신화 속 유토피아(Utopia)인 '곤륜산(崑崙山)'에 비견할 정도로 귀하고 성스런 영산으로 인식하고 있었다. 이중환의 『택리지』나 조선 영조시대 박종이 지은 『백두산 유록』에서도 '백두산은 동국의 곤륜산'이라고 선언하고 있다.

"곤륜산(崑崙山) 한 가닥이 대사막 남쪽으로 뻗어 동쪽으로 의무려산(醫巫閭山)이 되고, 여기에서 크게 끊어져 요동의 들이 되었다. 들을 지나서 다시 솟아 백두산이 되었는데, 〈산해경〉에서 말한 불함산(不咸山)이 바로 이곳이다.

산의 정기가 북쪽으로 천 리를 달려가며 두 강을 사이에 끼었고, 남쪽으로 향하여 영고탑이 되었으며, 뒤쪽으로 뻗은 한 가닥이 조선산맥의 우두머리가 되었다. …

(崑崙山一技行大漠之南東爲醫巫閭山自此大斷是爲遼東之野渡野起爲白頭山卽山海經所謂不咸山　是也精氣北走千里挾二江向南爲寧固塔背後抽一技爲朝鮮山脈之首...)

백두산에서 함흥까지는 주맥이 복판으로 내려오다 거기에서 동쪽 지맥은 두만강 안쪽으로 뻗어갔고, 서쪽 지맥은 압록강 남쪽으로 뻗어 갔다. ..."

이중환 『택리지』 〈팔도총론편〉

곤륜산(쿤룬산)은 신선과 황제, 서왕모 등 도교의 신들이 살고 있는 산으로서, 우리에게 신선들이 사는 산으로 친숙한 삼신산과 유사하면서도 다른 점이 있다. 그리스로마 신화의 올림푸스산에 비견되는 상징성을 지닌 곤륜산은 삼신산과 같이 신선사상과 신앙을 담고 있다는 공통점이 있으나, 한편으로 삼신산이 바다와 섬을 배경으로 한다면 곤륜산은 산악을 배경으로 한다고 볼 수 있다.

전설에 의하면 곤륜산은 땅의 중심이며 우주의 중심으로서, 높이는 하늘에 닿을 정도로 높아 만 길에 이르고 사방이 8백리에 이르며, 귀한 옥과 보석이 생산되며 아름다운 연못 '요지(瑤池)'와 '취수(翠水)', 그리고 '약수(弱水)'라는 강이 있다. 약수는 새털조차도 가라앉을 정도여서 그 누구도 쉽게 건널 수 없는데, 용이 아닌 자가 건너려했다가 빠져 죽었다는 전설의 강이다. 약수의 바깥은 불꽃이 이글거리는 염화산(炎火山)이 둘러싸고 있는데 염화산의 불길에는 무엇이든 닿기만 해도 타버린다.

곤륜산에는 목화(木禾)라고 하는 길이가 다섯 길이나 되는 거대한 벼가 자라고 주수(珠樹), 옥수(玉樹), 낭간수(琅玕樹), 벽수(碧樹) 등과 같이 옥을 열매로 맺는 나무들이 무성하게 자란다. 모든 것이 풍요롭게 넘쳐나는 비옥한 들, 옥야(沃野)에는 감화수(甘華樹), 달콤새콤한 풀명자 나무, 흰버들, 시육, 삼추마, 선괴(琁瑰)라는 옥, 요벽이라는 마노(瑪瑙), 백목(白木)이란 하얀 나무가 있고,

낭간, 백단(白丹), 청단(青丹)이 있으며 은과 철도 풍부하다. 봉황이 자유자재로 노래하고 난새가 즐거이 춤추며 온갖 짐승이 무리지어 다닌다. 그 외에도 사람을 영원히 죽지 않게 하는 열매를 맺는 불사수(不死樹) 나무와 열매를 먹으면 물에 빠져도 몸이 둥둥 떠다니는 사당목(沙棠木)이라는 나무가 자라고 있다.

불로장생, 불사를 관장하는 여신 서왕모는 요지금모, 왕모광광 등으로도 불리는데, 머리에는 번쩍이는 옥꾸미개를 쓰고 표범 꼬리에 호랑이 이빨을 하고 있다. 그는 휘파람을 잘 불고 풀어헤친 머리에 옥꾸미개를 꽂고 있는데 천상의 재앙 및 다섯 가지의 형벌로 죽이는 일을 담당한다. 서왕모는 삼천년 만에 꽃을 피우고 다시 삼천년 만에 열매를 맺는 반도(蟠桃) 복숭아 밭을 소유하고 있다. 괴강산(槐江山)에는 황제의 꽃밭이자 옥이 지천으로 굴러다닌다는 현포(玄圃)가 있다.

그 외에도 곤륜산은 맑기 그지 없는 요수(瑤水), 꽃과 열매를 먹으면 불로장생한다는 영수(靈壽), … 등 수없이 많은 진귀한 동식물과 생태자연과 이들을 지키는 신들이 사는 곳이다. 그러다보니 후에 불교문화와 접목되어 '서유기(西遊記)'를 탄생시키게 된 전설과 신화가 어우러진 산물이다.

아마도 우주의 중심이며 생기의 근원이라 불리는 수미산(須彌山) 또는 (수)메루산의 실제 모델이 티벳의 중심이며 황하의 근원인 실재하는 '곤륜산'과 결합되어 곤륜산의 상징성이 형성된 것으로 보인다. 이는 '산의 조상은 곤륜이요 물의 조상은 황하(山之祖宗崑崙 水之祖宗黃河)'는 믿음과도 연결되어 있어 이 땅의 모든 기운들이 수미산, 즉 곤륜산에서 비롯된다는 신앙적 선언이라고 하겠다.

곤륜산의 기운은 일정 경로를 따라 의무려산을 잠시 거쳐 백두산에서 다시 모아져 비로소 사방팔방으로 그 기운이 퍼져나가게 된다. 이렇듯 오랜 옛날부터 곤륜산에 비유되어 신선의 삶의 터전으로서 신성하게 숭배되어 온 백두산은 정상부에 평소에도 화산분출로 만들어진 흰 부석으로 덮여 있고 여름이 끝나면서 눈이 하얗게 뒤덮는다. 시시각각 변화는 기상변화로 봉우리는 늘 흰구름이 감싸고 있다. 그래서 사람들은 백두산은 마치 은빛으로 빛나는 커다란 용이 뻗어가는 듯하다고 묘사하기도 하였다.

백두산은 상징적으로나 생태적으로나 문화적으로도 세계 명산의 하나로 평가되는데, 중국쪽에서도 원시림으로 가득 찬 백두산을 '장백임해'로 비유하며 관동 제1봉으로 간주한다.

백두산은 또한 우리나라 전통사상에 바탕을 둔 삼신산의 하나로 숭배되고 있다. 동양의 전통사상인 신선사상에 의하면, 바다와 섬에 기반을 둔 삼신산은 봉래산(蓬萊山), 방장산(方丈山), 영주산(瀛洲山)을 말하며, 신선들이 사는 세계로서 불로장생의 낙원이며 불로장생 약초가 자라는 신령한 곳이라고 할 수 있다. 봉래산의 '蓬'과 '萊'는 쑥(약초)과 풀을 뜻하고 있어, 이름 그대로 심산유곡에 많은 약초들이 있는 산을 말한다. 방장산은 어른의 산, 어머니의 산을 말한다. 영주산은 바다에 있는 산이란 의미로 해석되고 있다. 백두산을 품고 있는 한반도는 3방향이 모두 끝을 모르는 깊은 바다이며 그 땅이 시작되는 가장 높은 곳에 백두산 천지가 있어 마땅히 신선들이 살만한 곳이라는 믿음이다.

『사기(史記)』에 의하면, 삼신산은 발해(渤海)의 동쪽으로 몇 억만리나 떨어진 곳에, 밑바닥이 없는 골짜기인 귀허(歸墟)의 개울 속에 있는데 그 산들은 주위가 3만리이고 꼭대기는 너비가 사방 9천리이며 산과 산 사이가 7만리나 떨어져 있다. 그 정상에 선인(仙人)들이 살고 있는 어전(御殿)이 있고 주변에 불로불사의 과일나무가 있다. 그리고 선인들은 산과 산 사이를 하루 몇 번씩이나 날아다닌다. 이를 '삼신재해동설(三神在海東說)'이라고 한다.

진시황이 불로초를 찾아 제나라 사람 방사인 서불[또는 서복, 서시(徐福, 徐市)라고도 함]에게 명하여 동남동녀(童男 · 童女) 수천 명을 딸려 삼신산으로 보냈다는 설화는 유명하다. 서불은 끝내 불로초를 찾지 못하였는데 죽음을 두려워하여 감히 돌아가지 못하고 떠돌아다니다가 우리나라 또는 일본에 머물렀다는 전설이 전해온다.

제주도 서귀포 정방폭포에는 '서불과차(徐不過此)'라는 마애각문이 새겨져 있고 서귀포(西歸浦)라는 지명도 서불이 서쪽으로 돌아갔다는 의미를 담고 있다. 제주도의 옛 탐라국도 서불일행 중 동남 세 사람이 남아 건국했다는 전설도 함께 내려오고 있다. 그 외에도 우리나라 곳곳에서 유사한 전설이나 설화가 전해온다. 일본에서도 '봉래일본설'이나 '서복 후지산 체재설' 등 여러 가지 이야기가 전해온다.

한편으로, 『열자』 〈역간편〉에서는 오신산(五神山)을 얘기한다. 오신산은 대여산, 원교산, 방장산, 영주산, 봉래산 등을 말한다. 오신산에는 금과 옥으로 지은 누각이 늘어서 있고 불로불사를 주는 열매가 달린 주옥으로 만들어진 나무가 우거지게 숲을 이루고 있으며 신선들이 살고 있다. 거대한 거북들이 이 신산들을 등에 걸머져 표류하지 않도록 지탱하고 있었는데, 훗날 용백국에 살던 거인이 이 거북 중 몇 마리를 잡아버리는 바람에 거북이 없어진 대여산과 원교산은 어디론가 떠내려 가버리고 삼신산만 남았다고 한다.

우리 선조들은 삼신산을 이 땅의 실제 명산에 적용하여 일상생활을 통한 믿음의 대상으로 현실화하였는데, 곧 금강산이 봉래산, 지리산이 방장산, 한라산이 영주산이라는 믿음을 지니고 있었다.

금강산은 사계절마다 다양한 모습을 보여 계절마다 다른 이름을 지니고 있다. 봄에는 파릇파릇한 새싹들이 다시 돋아나기 시작해서 황금 같은 색조를 띤 신록이 시작하는 모습을 그려 금강산이라 부르고, 여름에는 울울창창한 녹음으로 가득한 숲속의 모습을 나타내기 때문에  봉래산이라 불리며, 온 산에 단풍으로 물든 가을에는 풍악산, 낙엽이 떨어지고 웅장한 악산의 모습을 드러내는 겨울엔 개골산으로 각각 불린다.

영주산이라 불리는 한라산은, 『신증동국여지승람』에서 '세상에 전하기를 이 산이 곧 바다 위에 있는 세 신선산 가운데 하나다'라고 했다는 기록이 있고, 제주도의 지명과 유래에 대한 기록을 적고 있는 『탐라지』에도 '영주산'으로 기록되어 있다.

## 4. 백두산 그리고 또 다른 이름

백두산이라는 이름은 성해응(成海応)의 『동국명산기(東国名山期)』, 이유원(李裕元)의 『임하필기(林下筆記)』 등의 문헌에 등장한다. 이들 기록에는 백두산 정상이 눈이나 백색의 부석으로 사계절을 내내 하얗게 보이는데서 유래한다고 전하고 있다.

즉, 백두산은 화산폭발에 의해 생긴 휴화산으로서 꼭대기 주변을 회백색 부석(또는 경석)으로 덮였고, 꼭대기는 4계절 동안(1년 중 8개월 이상) 눈에 덮여서 희게 보이기 때문에 백두산이라 부른다.

중국에서는 '창바이산(장백산 長白山)'이라고 부르며, 만주에서는 '과러민산 앤아린'이라고 부른다. 여기서 '과러민=길다', '산앤=희다', '아린=산'을 각각 의미한다. 즉, 희고 긴 산이라는 뜻이다.

그런데 백두산은 백두산이라는 이름보다 먼저 훨씬 다양한 여러 이름으로 불렸다. 백두산이 최초로 역사서에 등장한 것은 약 4천년 전, '불함산(不咸山)'이라는 이름으로 나타난다. 전설시대 하나라 우왕의 가신인 백익(伯益)이 지었다고 전해지는 『산해경(山海經)』〈대황북경〉에 의하면,

> "넓고 거친 들판 가운데 산이 있는데, 불함산이라고 부른다(大荒之中 有山 明日不咸)"

라고 전해진다.

'불함'에 대해서는 몇 가지 견해들이 있다. 먼저, 몽골어 '부르칸'의 음역인 불이간(不爾干) 또는 불이한(不爾汗)으로서, 이는 곧 빛의 신 천신을 상징하는 '신무' 즉 '신선'이라는 의미이다. 또 다른 견해로는 힌두교의 창조의 신 브라흐마(Brahma)에서 유래된 말로서 브라흐마 신이 머무는 곳이라는 의미이다.

전설 속 우왕은 치수에 능하여 요순시대의 순임금으로부터 왕위를 물려받아 하나라를 개국하고 황제가 되었다고 전해지는데, 우왕이 치수공사를 지휘할 때 불함산 즉 백두산 일대를 누비고 다녔다고 한다.

이와 같이 백두산은 신선 또는 신이 사는 곳이라고 여겨질 만큼 신비롭고 신성한 산으로 인식되어 왔음을 알 수 있다.

우리나라 문헌에서는 태백산, 장백산, 두산 등으로 불렸으며, 백두산이라는 호칭은 고려 태조 왕건의 탄생설화로부터 백두산을 성산으로 숭배했고, 대체로 그 무렵부터 백두산으로 불렸다고 전해진다.

백두산이라는 명칭이 기록으로 처음 나타난 것은 『고려사』로서, 고려 성종 10년(991년)

> '압록강 밖 여진족을 쫓아내어 백두산 바깥쪽에서 살게 했다(逐鴨綠江外 女眞於白頭山外, 居之)'

라는 기록이 있다(국사편찬위원회, 고려시대 사료 DB, 世家 卷第三〉 成宗 10年〉 10月3日(戊辰)).

중국 위진시대에 기록된 『후한서』〈동이전〉에 의하면 백두산은 한나라 때는 단단대령(單單大嶺)이라 불렸는데, '단단'이란 만주어로 흰색을 의미하며, 즉 단단대령은 백색의 대산이라는 의미이다.

위나라 때는 개마대산(蓋馬大山)이라 불렸다. 개마의 어원은 여진족 언어로서 장백이라는 의미이며 대산은 큰 산을 의미한다. 즉 개마대산은 곧 장백산이라는 의미이다. 후위 때는 도태산(徒太山), 남북조시대에는 도태산, 종태산(縱太山) 및 태황산(太皇山), 당나라 때는 태백산(太白山)이라 불렸다.

중국에서 장백산(長白山)이라는 이름으로 정착된 것은 대체로 약 1천년 전 요금시대부터 불리기 시작되었는데, 『요사백관지』, 『거란국지(契丹国志)』, 『금사본기』 등에 장백산이라는 기록이 전해진다.

금나라 중기의 문인 조병문(趙秉文)이 쓴 시 『장백산행(長白山行)』과 원나라 시인 왕결(王結)의 시 『요동고절부(遼東高節婦)』 등에 장백산을 기리는 작품이 전해온다.

청나라 강희제(康熙帝) 시대의 『망사장백산(望祀長白山)』, 『제천장백문(祭千長白文)』, 건륭제(乾隆帝) 시대의 『제고장백산문(祭告長白山文)』, 가경제(嘉慶帝) 시대의 『장백산고제축문(長白山告祭祝文)』 등이 전해온다.

## [2] 우리 땅 백두산

### 1. 위치

백두산은 우리 국토의 등줄기이며 핵심생태계인 백두대간의 정기가 시작되는 곳으로서, 정신적으로 우리 민족에게 가장 소중한 상징성을 지니며 생태적으로 독특한 생태경관을 이루고 있다.

백두산은 한반도의 출발점이며 '조종(祖宗)산'으로서 모든 지기가 모였다가 출발하는 시작점이다. 압록강, 두만강 및 중국 송화강, 토문강의 발원지이다. 또한 백두산은 관동삼보로 불리는 인삼, 담비가죽, 사슴뿔의 원산지이다.

지형 특성으로 보면, 산경표나 고지도를 통해 우리 선조들은 백두산을 동북아 모든 산줄기의 시작으로 인식하고 있었음을 알 수 있다. 즉, 백두에서 지리까지

하나의 거대한 산줄기를 연결할 수 있는데 이를 백두대간이라 부른다. 백두대간을 중심으로 1개의 정간과 13개의 정맥이 우리나라의 기본적인 산줄기를 이루고 있으며, 각 정맥에서 작은 산줄기들이 근육처럼 금수강산 곳곳으로 뻗어 있다. 그리고 그 사이로 크고 작은 물줄기들이 실핏줄처럼 또 다른 생태축을 이루며 풍요로움을 주고 있다.

[그림 1-3]
산경표에 바탕을 둔 산줄기(ⓒ구본학)

백두산은 한반도와 중국의 국경을 이루고 있다. 북한의 양강도 삼지연군(三池淵郡), 중국의 길림성(지린성 : 吉林省)이 만나는 위치에 자리 잡고 있으며, 중국 길림성 안도현과 이도백하진 경계에 위치한다. 청나라 강희 16년(1677년)과 건륭 41년(1776년)에는 백두산 봉폐령을 내려 입산을 금지시키기도 하였다.

백두산은 최근에까지 활동을 하였던 휴화산으로 남쪽으로는 개마고원과 연결되며 전체적으로 완만한 용암대지가 펼쳐져 있어 한반도는 물론 멀리 만주 일대를 굽어보는 동북아 최고 높은 산이다. 백두산 화산추는 북위 41°55′∼42°05′, 동경 127°55′∼128°74′에 걸쳐 있고, 동서 200km, 남북 310km, 면적 약 80,000$km^2$ 에 이른다. 높이 2,750m인 백두산 최고봉 장군봉을 비롯하여 2천 500m급 봉우리가 16개에 이른다. 꼭대기에 은밀하게 숨어 있는 천지는 남북 4.4km, 동서 3.35km, 면적 9.82$km^2$, 둘레 13.17km이며, 평균수심 204m, 최고수심 373m에 이른다.

## 2. 백두산 정계비

백두산 정계비는 1712년 청나라 강희제가 지린(길림) 총독 목극등(穆克登)에게 지시하여 설치한 국경비이다.

지금은 사라져 정확한 위치는 알 수 없지만 백두산 장군봉 정상에서 남동쪽으로 4km, 해발 2200m 지점인 삼지연 인근에 위치해 있었던 것으로 추정된다.

정계비에는 서쪽으로는 압록강, 동쪽으로는 토문강을 각각 국경으로 한다는 명확한 표현이 있으나, 토문강이 어디인지에 대한 해석에 따라 광활한 만주 일대 소유권이 바뀌게 된다.

탁본으로 전해오는 비문에는

> '烏喇摠管 穆克登, 奉 旨査邊, 至此審視, 西爲鴨綠, 東爲土門, 故於分水嶺, 勒石爲記, 康熙 五十一年 五月十五日'
>
> 오라총관 목극등이 황제의 뜻을 받들어 국경지역을 답사하고 이곳에서 살펴보니 서쪽은 압록강이고 동쪽은 토문강이라 하여 그 분수령에 돌에 새겨 기록한다.
>
> 강희 51년(1712년) 5월 15일

라고 기록되어 있었다.

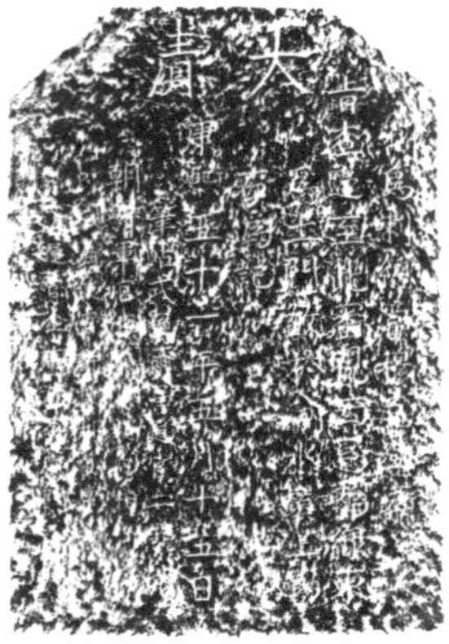

[그림 1-4]
백두산 정계비 탁본
(자료 : 국립중앙박물관)

참고로, 우리는 토문강이 송화강의 지류라고 보고 있는 반면 중국에서는 두만강을 의미한다고 주장하면서 두만강 북쪽의 북간도 일대를 중국 영토로 간주하고 있다.

대동여지도를 비롯한 18~9세기경 발간된 지도에는 대부분 정계비가 명확히 그려져 있으며, 정계비와 토문강 사이에 석퇴와 토퇴, 목책 등을 이용하여 경계를 이루고 있음을 알 수 있다.

[그림 1-5]
대동여지도에 나타난 백두산 정계비
(경희대부설 전통문화연구소, 1980)

어떤 지도에서는 백두산 비룡폭포에서 흘러가는 이도백하를 토문강으로 표현하기도 하였고, 천지를 '달문'이라고 부르며 이는 곧 토문을 의미한다는 견해도 있다.

그런데 약간 먼저 시기인 18세기경 제작된 서양의 여러 지도들이 청나라와 조선의 국경을 압록강과 두만강의 북쪽에 있는 봉황성과 선춘령을 기준으로 요동반도를 포함하여 표기하고 있는 것으로 볼 때 적어도 일정 부분은 압록강과 두만강 이북 지역, 소위 간도지역을 조선의 영토로 인식하고 있었음을 알 수 있다.

정계비는 나중에 간도 문제를 포함한 30여년에 걸친 국경 분쟁을 일으키는 원인이 되었는데, 일본측의 기록에 의하면 1931년 7월 28일부터 29일 사이에 갑자기 실종되어 버렸다고 한다. 1931년 7월 2일 백두산을 찾은 탐방객이 정계비에서 휴식을 취했었는데, 천지 일대 답사를 마치고 돌아올 무렵에는 정계비는 보이지 않고 백두산 등산길이라고 적힌 목재 안내판만 있을 뿐이었다고 한 기록으로 볼 때 정계비는 1931년 무렵에 의도적으로 철거된 것으로 추측할 수 있다.

정계비 기록에 대한 해석의 차이로 국경선에 대한 논란이 계속되던 중, 1881년 청나라는 토문강을 두만강이라 주장하며 간도 일대를 개발하였다. 이후 간도 문제는 조선과 청나라와의 갈등을 이루었으나, 을사조약으로 조선의 외교권을 불법적으로 강탈한 일본과 청나라 사이에 1909년 체결된 〈간도협약〉에 의해 일본이 남만주 철도부설권을 얻어내면서 간도일대를 청나라에 양도하면서 오늘에 이르게 되었다.

그러나 청나라는 대체로 정묘호란 이후 시기부터 전략적으로 간도지역을 일종의 중립지대인 봉금지대로 설정하여 조선과 청나라 양쪽 모두 사람들이 살지 못하는 곳으로 설정하고자 노력한 흔적들이 있다. 조선과 청은 각각 자기 강역을 지켜 서로 편안하고 즐거워하자는 '각수봉강(各守封疆)'을 선언했다. 이는 원래는 조선의 영역인 봉금지대 내에 위치한 '원지(옥녀늪, 천녀욕궁지)'와 백두산 천지를 조선의 영토가 아닌 중립지대 내지는 청나라의 영역으로 편입시키기 위한 시도라고 할 수 있다. 참고로 원지는 백두산 기슭 중국 쪽에 위치한 두만강 지류의 발원지로서 청나라의 발상지로 숭배하고 있으며, 천지 또한 우리 민족 외에 청나라의 발상지로도 숭배하고 있다.

이후 조선의 국력이 약해지면서 자연스럽게 봉금지대의 남방 한계선인 압록강과 두만강을 국경으로 강요하게 되었다.

## 3. 북한-중국 국경

백두산은 우리나라와 중국의 국경을 이루는 압록강, 두만강, 그리고 중국의 이도백하(송화강)가 시작되는 발원지이다. 두만강은 우리나라와 중국의 국경을 이루다가 하구에 이르러서는 우리나라와 러시아의 국경을 이룬다.

송화강은 천지 물이 직접 흘러들어가 승사하를 거쳐 비룡폭포와 이도백하를 이루고 흐르다가 마침내 송화강을 이룬다. 반면에 압록강과 토문강, 두만강 등은 천지에서 발원하지 않고 일정 구간 지하로 흐르다 각각 작은 샘물로부터 시작된다. 그러다보니 토문강이냐 두만강이냐의 문제와는 별개로 천지에서 각 강의 발원지까지 국경이 불명확한 문제가 발생하였다.

[그림 1-6]
남백두 4호 국경비
(2009년 이후 36호 국경비)

[그림 1-7]
2009년에 새로 설치하여 37호 국경비가 되었고, 경계울타리도 북한쪽으로 들어가 있다.

[그림 1-8]
남백두 정상 36호 국경비(2009년 이전엔 4호 국경비가 설치되어 있었다)

[그림 1-9]
서백두 5호 국경비

[그림 1-10]
서백두 천지 안내문과
5호 국경비

1962년 〈조중국경조약〉에 의해 백두산과 천지 수면 절반이 중국측에 속하게 되었다. 이에 대해서는 여러 가지 대립되는 의견들이 있고, 심지어 백두산 절반을 양도한 대가로 거액을 받았다는 금전거래설도 있었다.

1986년 북한과 중국 사이에 국경문제를 조정하는 협약이 있었고, 마침내 1990년 21개의 국경비를 세워 국경을 확정하였다. 백두산의 동쪽은 북한, 남·서·북쪽은 중국에 편입되었다. 다만 정상부와 천지 수면은 절반 정도가 북한쪽으로 속하게 되어, 2500m급 이상 봉우리 16봉 중에서 9개는 북한에, 7개는 중국에 속하게 되었고, 천지 수면 또한 약 60% 정도가 북한에 속하게 되었다.

Chapter 2

# 천하제일봉 백두

# [1] 백두산 16봉

2,750 m.

교과서에서 백두산 높이가 2,744m라고 배운 기억이 난다. 그런데 최근 북한이나 중국쪽의 자료에서는 2,750m (2,749.6m)로 공식 발표하고 있다. 이렇게 높이 차이가 나는 이유에 대해 몇 가지 설이 있다.

2,744m는 일제강점기 때 옛날식 측량으로 잰 높이이고 최근의 인공위성이나 발달된 측량을 통해 2,750m로 정확하게 계산한 것이라는 설과, 높이의 기준이 되는 수준원점이 우리나라의 경우 인천 앞바다 평균해수면인데 북한의 경우는 원산 앞바다가 기준이기 때문에 높이 차이가 난다는 설, 그리고 화산활동으로 매년 약간씩 융기되어 키가 자란다는 설도 있다.

백두산은 화산 분화구인 천지를 중심으로 2,500m가 넘는 높은 봉우리들이 마치 병풍처럼 둘러싸고 있다. 여러 차례 반복된 화산폭발로 대량의 분출물들이 쏟아져 나와 거대한 산을 이루었고 오랜 세월에 걸쳐 자연의 힘으로 봉우리들을 깎아 하늘아래 첫 번째 땅, 백두산을 만들었다.

그 중에서 가장 높은 봉우리는 높이 2,750m에 이르는 장군봉이며, 천지 수면에서 장군봉 꼭대기까지는 600m 차이가 있다. 천지 둘레를 따라 2,500m 이상의 높은 봉우리가 16개에 이른다. 16봉우리 중 6개 봉우리는 북한(최고봉 2,750m 장군봉), 7개는 중국(최고봉 2,690m 백운봉), 3개 봉우리는 국경지역에 각각 위치한다.

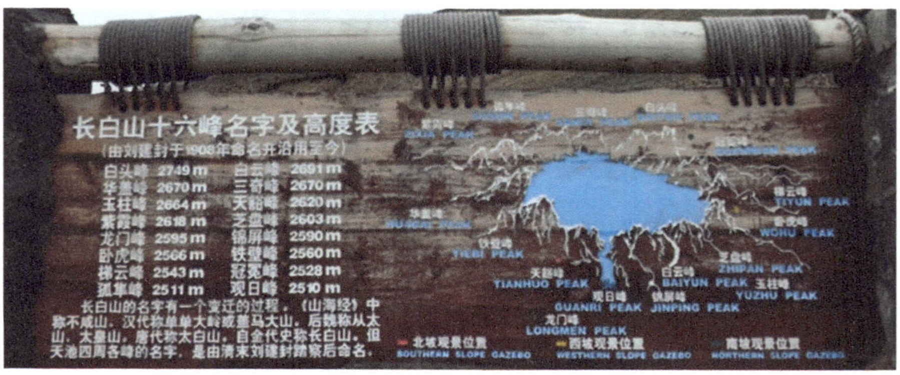


[그림 2-1]
백두산 16봉우리 명칭 및 높이

수면으로부터 500~600m 높이로 천지를 둥그렇게 둘러싸고 있는 봉우리, 즉 중앙의 분화구 천지를 둘러싸고 있는 산봉우리들의 바깥쪽 완만한 부분을 외륜(外輪)이라 부르며, 천지 안쪽으로는 천지수면까지 이르는 급한 경사를 내륜(內輪)이라고 부른다.

봉우리 명칭은 대체로 1900년대 무렵에 붙여졌다고 전하는데, 어떤 봉우리는 2개의 이름이 있고 문헌마다 다른 경우도 있어 조금은 혼동이 될 수도 있으나, 북한쪽 문헌과 중국쪽 문헌들을 종합해 볼 때 대체로 다음과 같이 명칭을 붙이고 있다.

백두산 16봉은 2750m의 장군봉을 비롯하여, 백운봉(白云峰, 2691), 관일봉(觀日峰, 2670), 천문봉(天文峰 ; 부리봉, 응취봉鷹嘴峰, 2670), 옥주봉(玉柱峰 ; 청석봉青石峰, 2664), 화개봉(華蓋峰 ; 백암봉 ; 황암봉黄岩峰, 2640), 천활봉(天豁峰 ; 2620), 자하봉(紫霞峰, 2618), 고준봉(孤隼峰, 2611), 녹명봉(鹿鳴峰 ; 지반봉芝盤峰, 2603), 용문봉(龍門峰 ; 차일봉, 2595), 금병봉(錦屛峰, 2590), 직녀봉(織女峰, 2558), 제운봉(梯云峰, 2543), 철벽봉(鐵壁峰, 2560), 와호봉(臥虎峰, 2566), 관면봉(冠冕峰 ; 옥설봉玉雪峰, 2525) 등이다.

[그림 2-2]
백두산 천지를 둘러싼 16봉

## 장군봉(將軍峰)

해발 2,750m, 백두산 최고봉이다. 북한의 양강도 삼지연군 지역에 속하며 천지 남동쪽에 위치한다. 북한 천연기념물 518호로 지정되어 있는 장군봉은 과거 한때 병사봉(兵使峰)이라고도 불리었으며 중국에서는 백두봉으로 부른다. 장군봉의 옛 이름 병사봉은 조선시대 군사 최고책임자인 병마절도사를 의미한다고 한다. 장군봉 앞쪽으로 비루봉이 천지를 가리고 있고 좌우로 망천후와 해발봉이 호위하고 있는 형상이다. 장군봉 천지방향은 급경사에 비루봉이 위치하며, 반대쪽으로는 경사가 완만하고 북한쪽에서 유일한 진입로를 따라 정상부근까지 오를 수 있다. 장군봉 옆으로 망천후 정상에서 천지까지 층계와 케이블카가 연결되어 접근이 쉽도록 하였다.

[그림 2-3]
장군봉. 천지방향 앞쪽은 비루봉

[그림 2-4]
장군봉
(koreakonsult.com)

[그림 2-5]
장군봉 옆 망천후에서
천지에 이르는 층계와
케이블카

[그림 2-6]
비루봉.
장군봉 앞에 위치
(koreakonsult.com)

[그림 2-7]
망천후에서 바라 본 구름 덮인 장군봉

## 비루봉/만물상

장군봉에서 천지 방향으로 앞장 서 마치 장군봉을 보호하며 길을 인도하는 듯한 형상을 하고 있는 봉우리가 비루봉이다.

장군봉에서 비루봉까지 약 1km 정도의 깎아지를 듯한 능선과 기기묘묘한 바위군을 만물상이라고 부른다. 만물상은 너무 험해서 사람들이 다니기 어려울 정도라 하며, 바위 모양에 따라 천지를 지키듯 앞발을 고인 채 앉아 있는 형상의 곰바위, 사자바위, 오랜 비바람에 깎인 촛대바위, 무지개바위 등의 이름을 각각 붙였다.

[그림 2-8]
만물상

[그림 2-9]
남백두에서 본 북한 쪽 봉우리(비루봉, 만물상, 망천후, 장군봉)

## 해산봉(해발봉)

장군봉 남서쪽 북한 영역에 위치하며 높이 2,719m로서 백두산에서 두 번째로 높은 봉우리이다. 북한측에서 김일성의 처 김정숙을 상징하는 해발봉이라는 이름을 붙였다.

### 단결봉(斷決峰)

해발봉 남서쪽 북한 영역에 위치하며 높이 2,661m에 이른다.

### 제비봉

단결봉 남서쪽 북한에 위치하며 높이 2,549m에 이른다.

### 관면봉(冠冕峰 : 옥설봉 玉雪峰)

천지 남쪽에 위치하며 한반도와 중국의 국경을 이루고 있다. 높이 2,528m에 이르며 『장백산강강지략』에 '장엄한 기상으로 옹기종기 모여 선 뭇봉우리들이 마치 면류관 같다'고 하여 관면봉이라고 부른다.

흰 부석으로 이루어져 사철 흰색을 띠며, 천지 쪽에는 늦게까지 흰 눈이 녹지 않은 채 남아 있어 옥설봉이라고도 부른다.

관면봉에는 다음과 같은 시가 전해온다(김희정 등, 2002).

> "눈으로 만든 관을 머리에 쓰니 / 기상이 장엄하고 존엄하여라.
> 산 아래 신선이 선단 굽던 곳 / 천년 두고 푸른 연기 감도는구나."

[그림 2-10]
관면봉

### 와호봉(臥虎峰)

관면봉과 함께 중국과 북한의 국경을 이루며, 높이 2,566m로서 천지 호수가에 호랑이 발자국이 많고 인근 경사지에 호랑이가 다니는 길이 있다고 전해진다. 『무송현지』에 의하면 이 봉우리는 호랑이가 엎드려 무엇인가를 살펴보고 있는 형상이라 하여 와호봉이라 부른다고 하였다. 봉우리 기슭에는 녹경(鹿經), 백화계(白花溪) 등의 명승이 있다.

[그림 2-11]
와호봉

### 낙원봉(樂園峯)

높이 2,603m로서 중국과 북한의 국경을 이룬다.

### 제운봉(梯云峰)

북한과 중국의 국경을 이루며 봉우리 형태가 사다리 모양으로서 수시로 구름이 밀려든다고 해서 제운봉이라고 부른다. 높이 2,543m에 이른다.

제운봉에는 다음과 같은 시가 전해온다(김희정 등, 2002).

> "흰 구름 겹쌓인 사닥다리 / 날 끌어 태허에 오르도다.
> 머리 돌려 친구들을 부르는데 / 사다리는 온데 간데 없구나."

### 청석봉(靑石峰 : 옥주봉 玉柱峰)

중국에 속하며, 천지 서북으로 백운봉, 현실애, 제운봉과 이웃한 곳에 위치한다. 해발 2,664m 꼭대기에 오형제처럼 다섯 봉우리가 하늘을 받치듯 버티고 있는 모습이 마치 구슬기둥과도 같다고 하여 '백두의 옥기둥'이라는 의미로 옥주봉이라 불린다. 또한 다섯 봉우리들은 푸른 암석으로 되어 있기 때문에 청석봉이라고도 부른다.

옥주봉 동쪽에서 솟는 샘은 금실같이 천지로 흘러드는 금선천이라고 한다. 봉우리들은 천지쪽으로 향해 섰는데 깎아지른 듯한 절벽을 이루고 있다.

[그림 2-12]
청석봉(옥주봉)

### 백운봉(白雲峰)

천지의 서쪽에 위치하며 해발 2,691m로서 중국 북동부 지방에서 가장 높은 봉우리이다. 북으로 지반봉, 남으로 옥주봉과 연결되어 있다.

해맑은 날씨에도 정상부에 흰구름이 감돌기 때문에 백운봉이라고 부르며, 한때는 장백산 또는 마천우라고도 불렸다.

백운봉은 여러 차례 화산분출에 의해 형성되었기 때문에 서로 다른 색채의 암반이 층위구조를 이루며 뚜렷하게 구별된다. 꼭대기는 회백색, 담황색, 유백색의 부석들로 되어 푸른 하늘 흰 구름과 서로 대조를 이룬다.

[그림 2-13]
백운봉(장백산).
중국쪽 최고봉

### 녹명봉(鹿鳴峰 : 지반봉 芝盤峰)

천지 서북쪽을 경계로 백운봉과 이웃하고, 용문봉과 풍곡을 사이로 마주보고 있다. 해발 2,603m로서 사슴이 많고 사슴 울음소리가 메아리 되어 울려 퍼진다고 해서 녹명봉이라 불리며, 또한 꼭대기 진펄습지에 불로장생의 영지가 많아 지반봉이라고도 불린다.

녹명봉에는 다음과 같은 시가 전해 온다(김희정 등, 2002).

"하늘을 우러러 영지를 바라보니 / 어엿이 선 모습 우산 같구나.
선녀가 고스란히 지키는 뜻은 / 남몰래 따가는 걸 막기 위함이로세."

[그림 2-14]
녹명봉(지반봉)

### 금병봉(錦屛峰)

녹명봉 북동쪽으로 이어지는 금병봉은 높이 2,590m에 이르며 정상에 남북으로 두 개의 봉우리가 있고 그 사이에 평탄한 지형을 이룬다. 봉우리 앞뒤의 칼날로 자를 듯한 절벽이 마치 수놓은 병풍 같다고 해서 금병봉이라 부른다.

### 용문봉(龍門峰 : 차일봉 遮日峰)

금병봉 동쪽으로 승사하 서쪽에 우뚝 솟은 봉우리가 높이 2,595m의 용문봉 또는 차일봉이다. 그 뒤쪽으로 관일봉이 자리잡고 있고 승사하 건너편 동쪽으로 철벽봉과 마주보고 있다. 용문봉 두 봉우리가 대문처럼 솟아 있다고 해서 용문이라 부른다.

주상절리가 발달하여 경사가 심하고 여러차례 용암이 분출되어 층상용암체가 뚜렷하게 나타난다.

봉우리 아래쪽으로는 풍화된 암석이 쌓여 돌무지를 이루고 골짜기 아래로 선상지 위로 고산식물이 자라고 있다. 꼭대기에 올챙이같이 생긴 바위가 있어 신비(神碑)라고 불린다.

용문봉 북쪽에는 옥벽을 사이에 두고 비룡폭포와 이웃하여 낙차 20m인 옥벽(은류)폭포가 있어 아름다운 경치를 자랑하고 있다.

[그림 2-15]
용문봉

### 관일봉(觀日峰)

용문봉 북쪽으로 높이 2,510m에 이르며 산 정상이 마치 전망대처럼 돌출되어 해돋이와 저녁놀을 볼 수 있다.

관일봉에는 다음과 같은 시가 전해온다(김희정 등, 2002).

> "태산의 해돋이구경 자랑말아라 / 예 올라 보는 해돋이 더더욱 좋다.
> 아침이면 불항아리 동해에 솟고 / 저녁이면 낙조가 산위에 잔다.
> 산제비들 나와서 벽공 가르고 / 푸른 매는 눈 쌓인 바위에 든다.
> 아름다운 봄치고 빼어난 것은 / 깊숙한 골짜기에 불같이 타는 꽃들"

### 천활봉(天豁峰)

백두산에서 유일하게 천지 물을 직접 만질 수 있는 곳이 북백두 탐방로의 장백폭포를 거쳐 달문이라고도 불리는 승사하 방향로 접근하는 방법이다. 폭포 옆으로 터널형 층계를 오르면 승사하를 지나 천지에 이르게 된다. 승사하를 사이에 두고 천활봉과 철벽봉이 용문봉을 마주보며 감싸고 있다. 해발 2,620m이며 봉우리 가운데가 열려 있다고 해서 천활봉이라고 불린다.

### 철벽봉(鐵壁峰)

천지의 물이 북백두 비룡폭포를 향해 흐르는 승사하 옆으로 천활봉과 함께 우뚝 솟은 봉우리로서 높이 2,560m에 이른다. 산체를 구성하는 암석이 흑갈색과 적흑색으로 마치 철벽과도 같이 솟아 있다고 해서 철벽봉이라 부른다. 주상절리가 발달해 있다.

천활봉 아래는 천지 물이 흘러나가는 승사하에 이르며 보천석과 우랑도, 종덕사 터가 있다. 천지 호반에는 낙타봉과 검은 곰이 하늘을 바라보는 모습의 바위들이 분포하고 있다.

[그림 2-16]
승사하에서 본 철벽봉

## 직녀봉(織女峰)

천활봉과 철벽봉 사이에 위치하며 음력 7월7일, 칠석날 견우와 직녀가 전망대에서 함께 천지를 내려다보았다는 전설이 전해온다. 승사하를 사이에 두고 견우도(우랑도)와 마주보고 있다.

## 천문봉(天文峰 : 부리봉, 응취봉 鷹嘴峰)

해발 2,670m이며 백두산 북쪽 봉우리 중에서 가장 높다. 1958년도에 기상관측소가 세워졌는데 그때부터 천문봉이라 불리고 있다. 산 정상이 매부리처럼 뾰죽하게 생겼다 하여 부리봉 또는 응취봉이라고 부른다.

[그림 2-17]
천문봉

뒤에 소개할 백두산 등산로 중 북백두(북파)에 위치하며 지프를 타고 꾸불꾸불한 산길을 달려 정상부 기상관측소까지 이어진다. 봉우리 정상부에서 천지 방향으로 마치 오색 영롱한 비취 구슬들이 박힌 듯한 '천상은병풍'이 펼쳐지고 수리바위와 함께 여의주를 희롱하는 외뿔용 형상을 한 용각봉이 있다.

산체는 가볍고 비중이 낮은 회백색과 황색의 화산 부석으로 덮여 있어 마치 속이 빈 것처럼 가벼운 느낌으로서, 부석 사이사이에 흑색과 흑록색 조면암의 화산각력석이 끼워 있다. 천문봉에서는 천지를 내려다보며 조망할 수 있는데, 때로 등산로를 따라 천지로 접근하기도 한다.

[그림 2-18]
북한쪽 동백두에서
바라 본 천문봉

### 화개봉(華蓋峰 : 백암봉 白巖峰)

천문봉과 동쪽으로 연결되어 천지를 감싸고 있다. '화개'는 옛날 왕이 타고 다니는 수레에 씌우는 양산을 의미한다. 천문봉과 화개봉 사이에는 구름바다와 안개가 유난히 심하게 덮이기 때문에 마치 양산을 쓴 모양이라고 해서 화개봉이라고 이름을 붙였다. 화개봉의 명물로는 특이한 기둥 모양을 한 바위 '천지일주(天地一柱)'와 천지 호반의 여진제대(청나라 때 제사 지내던 곳) 등이 있다.

화개봉에는 다음과 같은 시가 전해온다(김희정 등, 2002).

"세상에 둘도 없는 화개봉인데 / 뭉실대는 구름 안개 만고의 시름인가.
부채로 단번에 다 날려버리니 / 물에 잠긴 너의 모습 남실남실 춤추누나"

### 자하봉(紫霞峰)

해발고도 2,618m. 화개봉 북쪽으로 연결되어 천지를 직접 감싸고 있지는 않다.

자주빛 암석으로 이루어져 석양 무렵이면 천지의 흰구름이 자주빛 산봉우리를 감싸는 모습이 마치 붉은 노을처럼 아름다워 자하봉이라고 하였다.

자하봉에는 다음과 같은 시가 전해온다(김희정 등, 2002).

"외로와 애태우는 상아 / 영악을 훔친 일 후회되네
토한 피 자주빛 안개 되고 / 흘린 눈물 돌 되어 쌓였구나"

### 자암봉(紫岩峰)

해발고도 2,521m. 자하봉에서 남동쪽으로 연결되며 북한과 중국의 국경을 이룬다. 정상에는 북한 · 중국 국경을 의미하는 6호 국경비가 설치되어 있다. 산체의 암석이 자주빛으로 빛나기 때문에 자암봉이라고 이름 붙였다.

### 쌍무지개봉(고준봉 高峻峰)

해발고도 2,626m. 북한에 위치한다. 정상부 산봉우리에 늘 아름다운 쌍무지개가 나타나 장관을 이룬다고 해서 쌍무지개봉이라고 부른다.

### 망천후(望天吼 : 향도봉, 삼기봉三奇峰)

해발고도 2,711m. 북한쪽 장군봉을 호위하듯 옆에 위치한다. 산봉우리가 깎아지른 듯한 뾰족한 암석이 당당하게 천지를 향하고 우뚝 솟아 있다. 산체의 모양이 마치 한 마리 매와 같은 독특한 형태를 보이고 있다. 최고봉인 장군봉을 수호하는 듯 감싸고 있다.

삼기봉이라고도 부르며, 북한에서는 향도봉, 정일봉 등으로 부른다. 정일봉이라는 이름은 '혁명의 성산 백두산'이라는 김정일의 휘호에서 비롯되었다.

[그림 2-19]
매의 부리처럼 날카로운 망천후

[그림 2-20]
김정일 휘호가 새겨진 정일봉(망천후)

[그림 2-21]
북한 측 봉우리들.
왼쪽 망천후(향도봉),
오른쪽 장군봉,
앞쪽으로 비루봉

# [2] 백두산 형성과 화산활동

## 1. 백두산 화산활동

백두산의 아름다움은 태고의 신비를 간직한 원시 그 자체의 아름다움이다. 이러한 원시 백두산을 만든 것은 화산활동에 이은 지각변동 때문이다. 백두산은 지질시대에 여러 차례의 화산 폭발이 있었고 역사시대에 들어와서도 여러 차례 화산 폭발 기록이 남아 있으며, 지금도 화산 활동 후기 현상이 나타나고 있다. 백두산 화산활동은 약 6억년 전 쥐라기에서 신생대 제4기까지 계속되었고 특히 신생대 제3기부터 활발히 진행된 화산활동으로 현무암질 용암이 분출되어 5,000$km^2$ 이상의 거대한 용암대지를 이루었다.

약 200만년 전부터 화산활동이 약화되며 현재의 산세를 형성하고 용암이 잘게 부서진 부석층이 20m 가량 쌓이면서 화산재, 화산탄, 화산모래 등의 층위 구조가 남아 있다. 이후 약 58만년 전, 44만년 전, 21만년 전에 폭발이 있었던 것으로 보고 있다.

[그림 2-22]
백두산 곳곳에 남아 있는
화산폭발 흔적

## 백두산 폭발 기록

『조선왕조실록』을 비롯한 국내 및 중국측 문헌에 나타난 백두산 화산폭발 기록은 일부 불명확하고 불분명한 부분이 있어 논란의 여지는 있으나 연구자들은 최근의 폭발 중 10세기(서기 946년경) 대폭발에 대해 특히 주목하고 있다. 이때의 대폭발에 대해 『고려사』 등에 나타난 폭발 흔적들을 살펴보면 다음과 같은 기록들이 있다.

'고려 정종 원년 是歲天鼓鳴(시세천고명사)'
946년 무렵 하늘에 고동소리가 들려 …

『고려사』 세가(世家) 권지2

'天慶九年十月七日夜白灰散如雪(천경9년10월7일야백재산여설)'
946년 화산재가 마치 눈과 같이 내렸다.

일본 『흥덕사연대기』

'正月十四日庚子此日空中有聲如雷(정월십사일경자차일공중유성여뢰)'
947년 2월7일 하늘에서 마치 천둥과 같은 소리가 났다

『일본약기(日本略記)』

미국 스미스소니언연구소에 의하면, 10세기경에 발생했던 백두산 대폭발은 마지막 빙하시대가 끝난 지난 1만년 이내 지구상에서 폭발한 가장 큰 화산 중 하나로 기록될 정도의 엄청난 규모로 알려져 있다. 이때의 폭발력은 로마 폼페이를 화산재로 덮었던 베수비오 화산의 수십 배로 추정된다.

화산폭발 규모는 0~8까지의 VEI 지수(Volcanic Explosivity Index)로 나타내는데, 백두산은 VEI-7 수준으로서 이 정도 규모의 폭발은 지난 1만년 이내 백두산 외에 1815년의 탬보라 화산 등 약 5회 정도만 있었다고 한다. 참고로 VEI-8 수준은 1만년에 한번 정도 발생할 수 있는 규모로서 지난 1만년 동안에는 한번도 폭발 기록이 없고 7만 3천년 전 토바호, 60만년 전 옐로스톤호 정도로 알려져 있다.

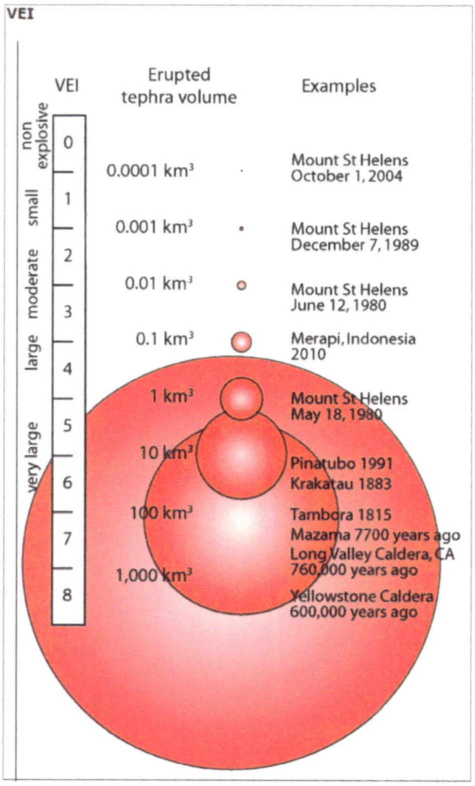


[그림 2-23]
화산 VEI 지수를 원으로 나타낸 모형
(출처 : https://volcanoes.usgs.gov)

백두산 대폭발 당시 흐른 용암의 양은 대략 50~170km³로 추정되며, 화산재가 약 1,000km 떨어진 일본 북부 및 홋카이도까지 퍼져나갈 정도로 당시 세계 최대의 폭발이라고 알려진다. 이는 현재까지 확인된 가장 큰 화산폭발인 1815년 인도네시아의 탬보라 화산(87km³) 폭발과 유사한 규모이다.

백두산 화산재(B-Tm)가 대류권 상층까지 올라가 강한 제트기류에 의해서 백두산에서 약 1,000km 떨어진 일본의 동북지방 북부에서 홋카이도 남부까지 퍼져 나갔다.

참고로 울릉도 성인봉의 화산재(U-Oki)도 일본 혼슈 대부분 지역에 분포하고 있다.

스미소니안박물관 등의 연구에 의하면 백두산 화산폭발로 인해 일본 북동부에 최소 5cm 이상 화산재가 쌓인 것으로 알려진다. 서기 915년 일본 토와다 화산폭발로 쌓인 화산재 위에 퇴적물이 덮어 있고 그 위에 백두산 화산재가 덮였다(자료 : 한국지질자원연구원).

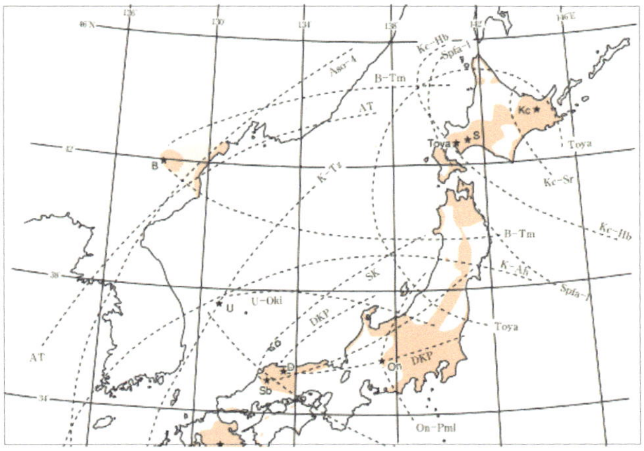


[그림 2-24]
백두산과 성인봉 화산재 분포 (Machida, 2002)

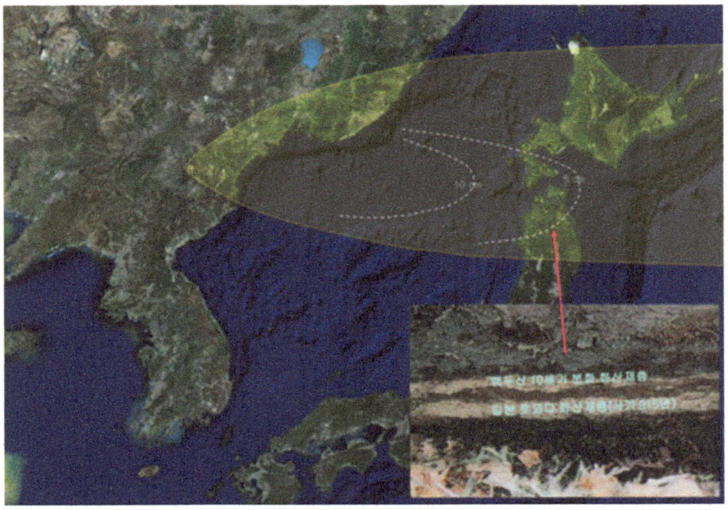

[그림 2-25]
백두산 대폭발로 일본 홋카이도와 혼슈 북부에 화산재 퇴적 (한국지질자원연구원)

대폭발 이후에도 여러 차례의 화산폭발이 있었다. 1413년, 1420년, 1537년, 1668년, 1702년, 1903년, 1920년 등에 걸쳐 소규모의 화산폭발이 있었는데, 마지막 폭발 이후 약 100년 동안 휴면기를 이루고 있다.

이 시기의 백두산 폭발에 대해 『조선왕조실록』에는 다음과 같이 기록되어 있다.

> 세종 2년(1420년) 5월, 천지의 물이 끓더니 붉게 변했다. 소떼가 크게 울부짖었고 이러한 현상은 열흘 이상 지속됐다. … 검은 공기는 인근 지역으로 가득 퍼졌다."

> 1537년 8월 26일에 대포 소리처럼 요란한 소리와 함께 큰 돌들이 비처럼 쏟아졌고 붉은색의 흙탕물이 넘쳐흘렀다.
>
> 『조선왕조실록』(제 37책 현종대왕실록 권지14) : 1668년 6월 2일에 대포 소리처럼 요란한 소리와 함께 큰 돌들이 비처럼 쏟아졌고 붉은색의 흙탕물이 넘쳐흘렀다(현종9년 음력 4. 23).
>
> 1668년과 1702년(숙종2년 음5.14: 1702년 6월 3일 실록 제28O책 숙종대왕실록 권지36), 현종 9년(1668년) 4월, 한양과 함경도 등 일대에 동시에 검은 먼지가 하늘에서 쏟아져 내렸다.
>
> "숙종 28년(1702년) 6월, 한낮에 함경도 지역 일대가 갑자기 어두워지며 비린내가 나는 황적색 불꽃이 날아왔다. … 같은 날 인근 지역 현성에서는 연기가 가득한 안개가 갑자기 북서쪽 지역에서 몰려들어 … 사방에 생선 썩는 냄새가 나 사람들을 놀라게 했다. 눈송이 같이 날라 다니던 재는 1촌(약 3cm) 두께로 쌓였고, 재는 마치 나뭇조각 같았다."

또한 중국측 기록 중에서 유건봉의 『장백산강강지략』에 의하면 청나라 광서 29년 (1903년)에 가까운 곳에서만 느낄 정도의 가벼운 폭발이 있었던 것으로 추정되는 기록이 있다.

## 백두산과 발해멸망설

한때 대폭발이 발해 멸망의 원인이라는 주장도 있었으나 백두산 대폭발은 946년에 일어난 일로서 발해 멸망 시기(926년)가 약 20년 정도 앞서기 때문에 백두산 폭발이 발해 멸망의 직접적인 원인은 아닌 것으로 나타나고 있다.

그런데 2004년 백두산 분화를 연구하던 한중일 공동연구팀에서 분화시기가 조금 더 앞선 흔적들을 발견하여 최소 2차례의 분화가 있었다는 주장이 제기되고 있다. 이에 따르면, 10세기 초 백두산은 946년 외에도 938년 및 그 이전의 어떤 시기 등 최소 2차례 이상 분출로 인해 발해가 멸망에 이르렀다는 가설이 가능하게 되었다. 다만, 시기적으로 앞당겨지더라도 편서풍으로 인해 분출물들이 주로 동쪽으로 퍼져 나갔다는 점에서 발해에 직접적인 영향을 끼치기는 어려운 점이 많다.

## 백두산은 다시 폭발한다?

최근에는 백두산이 다시 화산활동 징후를 보이고 있고 머지 않은 장래에 다시 화산 활동을 시작할 것이라는 전망이 있는데, 그 이유는 백두산 지진이 지난 2002년 6월을 기점으로 증가하고 있다는 분석이다. 백두산의 화산성 지진은 1985년 3회, 1986년 12회 그리고 1991년에는 29회 수준, 2003년 6월과 11월 그리고 2005년 7월에는 월 250회로 급증하여 3시간에 한 번씩 지진 발생하였다는 기록이 있다.

중국은 백두산 화산 연구를 통해 재폭발 가능성 최대 80%라고 예측하고 있다고 한다. 현재 중국의 화산지진관측소(연변조선족자치주 지진변공실관리)는 백두산에 관측장비 40~50개를 설치해 조사 중이며, 하루 100회 정도의 미세지진이 발생된다는 관측이 있는데 소규모 지진이 잦은 것은 마그마 운동으로 인한 화산 진동일 가능성이 높다고 알려져 있다.

1985년 설치된 화산지진 관측소에 따르면 1992년까지 78회, 1991년 6월부터는 30회 이상 호산성 지진과 미동이 관찰되었다. 천지 아래 10km 지점에 위치한 백두산 마그마가 요동하면서 지진이 발생한 것으로 추측하고 있다. 2002년 6월 28일 진도 7.3의 심부지진이 발생한 이후 지진횟수가 급증하고 있다. 화산학자들은 빠르면 2050년 이전에 제2의 대폭발이 있을 가능성을 제기하고 있다.

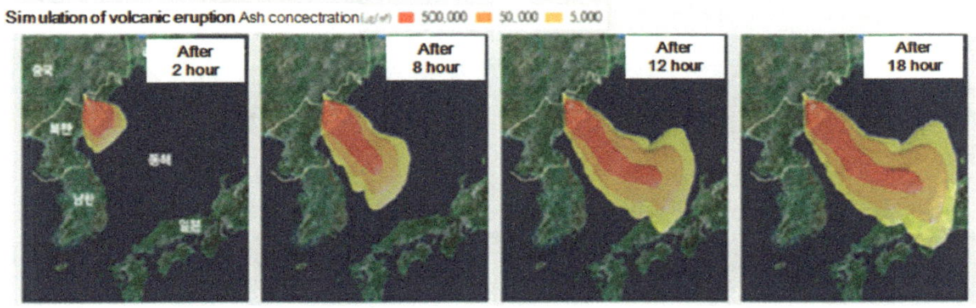


[그림 2-26]
백두산 화산폭발 후 화산재 확산 시뮬레이션
(https://www.geospatialworld.net)

백두산이 폭발하면 어떤 현상이 나타날까? 우선, 백두산 화산 폭발 후 천지의 물이 빠져나가면서 홍수가 발생하고 화산재 등이 편서풍을 타고 동쪽 또는 남동쪽으로 확산할 것으로 예측된다. 페이원과 윤(Paone & Yun, 2016)은 백두산 화산 폭발로 인한 붕괴 및 피해 범위를 최악의 경우와 최소의 경우로 나누어 시뮬레이션을 통해 예측하기도 하였다.

## 2. 백두산 온천

화산폭발로 이루어진 백두산에는 독특한 화산의 특징들이 나타난다.

대표적인 것이 온천으로서 곳곳에서 온천수가 뿜어져 나오거나 노천온천탕이 숨어 있다. 백두산 내 온천은 모두 30여 곳이 있다. 대표적인 곳이 북백두 비룡폭포 입구 노천온천지대로서, 북백두 승사하 탐방로를 따라 비룡폭포를 향해 오르다 보면 지면에서 열기와 함께 뜨거운 김을 뿜어내고 있는 노천온천을 지나게 된다. 용들이 모여 목욕을 한다 해서 '취룡천(聚龍泉)'이라 불리는 노천온천은 물이 탁하고 유황 특유의 퀴퀴한 냄새가 나는 유황온천이다. 최고 수온 70~80℃에 달하며, 겨울철 온통 눈으로 덮인 백설세계에서 뜨거운 유황온천에서 솟아오르는 분천과 수증기는 또 다른 장관을 이룬다. 온천 주변 쌓인 눈을 감돌아 둥글고 투명하게 반짝이는 '눈빵'이 여기저기 흩어진다.

온천물에서 달걀도 삶아진다. 마침 건너편 오두막집에서는 온천물에 삶은 달걀과 옥수수 등을 팔고 있어 백두산을 찾는 이들에게 또 다른 흥밋거리를 주고 있다.

[그림 2-27]
북백두 온천물로 삶은 달걀과 옥수수

또한 천지 호반에는 호반온천군이라고 불리는 3개의 온천이 있다. 천문봉 아래 호반온천은 수온 약 42℃ 내외로서 길이와 너비 약 200m 범위에 이른다.

장군봉 호반온천은 장군봉 서쪽의 천지호면 동쪽 방향 절벽 사이에 위치한다. 길이 약 930m, 너비 10~15m에 이르는 온천군으로서 여러 개의 분수구가 있는데, 수온은 가장 높은 것이 73℃이고 수도관으로 물을 끌어들여 약 50℃ 내외이다.

[그림 2-28]
북백두 승사하 탐방로 노천 유황온천. 눈 덮인 산지와 온천 수증기가 대조를 이룸. 온천지대는 취룡천이라 불린다.

백운동 호반온천은 백운봉 동쪽 사면에 위치하며 여름철에 호면에서 간헐적으로 기포가 나타난다.

최근 온천물 수온이 점차 상승하고 있다는 관측기록이 있는데, 10여년 전에 68℃ 정도이던 최근 78℃까지 상승한 것으로 보고되고 있다. 땅 밑에서 올라온 화산가스(헬륨가스)로 백두산의 나무들이 질식 고사하는 현상을 보이고 있다. 이렇게 수온 상승, 가스 분출, 지진 발생 등은 화산이 폭발하기 수개월 전부터 나타나는 전조현상이라고 하는데 실제로 백두산이 다시 폭발할 것이라는 주장이 점차 강해지고 있다.

### 3. 탄화목

남백두 탐방로 탐방로를 오르다 보면 백두산 화산 폭발 당시의 흔적이 남아 있다. 그 중 대표적인 것이 나무들이 탄 흔적인 탄화목인데, 아마도 백두산 화산 폭발 시기에는 이곳이 나무들이 울창한 산림지대였기 때문일 것이다.

뒤에서 소개할 압록강 대협곡 인근에 화산 폭발에 의해 타다 남은 수목이 충분히 연소되지 않아 생성된 탄화목 잔해물이 흩어져 있다.

마그마에 의해 백두산의 원시림이 연소되고 일부는 화산재에 의해 덮여 지층 속에 탄화목으로 남았다. 탄화목은 지층 속에 숨어 있었으나 1996년 압록강변 도로를 건설하는 과정에서 지표면에 노출되어 일반인들에게 알려지게 되었다. 일부를 도로 옆에 관찰할 수 있도록 하고 있으며, 전시용 모형도 제작하여 함께 전시하고 있다.

[그림 2-29]
탄화목

[그림 2-30]
남백두 탄화목.
왼쪽은 전시용 모형

# [3] 백두산 기후와 지형

## 1. 변화무쌍한 백두산 기후

백두산은 하루에도 수십 차례나 기상이 급변하기 때문에 천지의 장엄한 경관을 구경할 수 있는 확률은 높지 않다. 더욱이 파란 하늘과 천지의 은빛 물결, 때로 검푸르고 때로 회백의 백두산 연봉의 전경을 볼 수 있는 기회를 찾는 것은 아주 어려운 일이다. 이 일대에서 오랫동안 살아온 토착주민들의 증언에 따르면 맑은 천지를 직접 볼 수 있는 가능성은 10%의 확률이라고도 하며 심지어 3대가 덕을 쌓아야 한다고도 한다. 이는 천지의 속살을 직접 목격하는 것이 그만큼 어렵고 마음의 준비가 되어야 한다는 뜻이리라.

이렇게 기상상태가 변화무쌍하다보니 천지를 맞이하기 위해서는 경건한 마음 자세가 중요하며, 불규칙한 날씨 변화로 인해 크고 작은 사고의 위험성이 있으므로 백두산에 오르기 위해서는 늘 안전을 위한 각별한 주의가 필요하다.

[그림 2-31]
갑작스런 기상악화로 앞을 가릴 수 없는 천지

### 기온

우리나라의 기후는 보통 온대기후라고 한다. 쾨펜(Wladimir Peter Köppen)의 기후 구분에 의하면 우리나라 기후를 온대기후[더운 달들(북반구의 4~9월)의 평균 기온이 10℃를 넘고 가장 추운 달의 평균 기온이 −3℃~18℃인 기후 : 여름철 고온다습 겨울철 건조 Cwa, 연중 습윤 여름철 고온 Cfa]와 냉대(가장 더운 달의 평균기온이 10℃ 이상, 가장 추운 달의 평균 기온이 −3℃ 미만인 기후 : 여름철 고온 겨울철 건조 Dwa)로 구분하기도 하였다. 지금은 가이거

(Rudolf Geiger)라는 사람이 일부 수정한 것이 널리 쓰이기 때문에 이를 쾨펜·가이거 기후 구분이라고 한다.

우리나라 실정에 맞는 기준으로 기후대를 자세히 구분해보면 크게 제주도와 남해안 일대를 난대기후로 볼 수 있고, 나머지 육지 전체는 온대기후로 구분할 수 있으며 식생을 기준으로 온대남부, 온대중부, 온대북부 등으로 다시 구분할 수 있다. 그리고 백두산과 개마고원 일대, 고산 정상부 일대 등 높은 산악지대는 냉대기후로 구분된다.

백두산은 전형적인 고산기후로서 연평균 기온은 6~8℃(정상부는 -8.3℃), 최고기온 18~20℃ 내외이며, 가장 추운 1월 평균기온이 약 -24℃(극단적으로 -47℃ 이하로도 내려간 기록도 있다), 7월 평균기온 10℃ 내외로서 최고와 최저 평균기온의 차이가 34℃ 이상이다.

평지의 백두산은 온대북부기후에 해당되지만 해발고도가 높아 냉한대기후대에 속한다. 안개가 많아 6월에서 8월의 일조율이 45~50% 밖에 안되고 겨울철이면 온누리가 눈에 덮혀 복사 반사가 심하여 대단히 춥다. 그러므로 백두산 등정을 위해서는 7월의 한여름에도 추위에 대비해야 하며 예측 불가능한 소나기에 대비한 우산, 비옷 준비도 필수적이다.

[그림 2-32]
백두산 정상부 지의류 및 지피식물

계절별로 보면 겨울은 대단히 길고 봄과 가을은 짧아 실질적으로는 여름이 거의 없다. 중국과 북한에서 설치한 천지 기상대에서 측정한 자료에 의하면 연평균 기온은 -8~7℃ 내외로서 동아시아지역 연평균 기온 측정치 가운데 가장 낮다고 한다.

또한 백두산에서 가장 더운 7월의 월평균 기온이 8~9℃이고 가장 추운 1월의 월평균 기온이 -23~24℃이다.

## 눈

백두산은 회백색 부석이 덮여 있고 거의 1년 내내 하얀 눈으로 덮여 있어 '백두'라는 이름이 붙여졌다고 한다. 백두산은 고산기후대로서 대략 9~10월부터 이듬해 5~6월까지 8개월 이상 겨울이 지속된다. 6월 말까지도 눈이 남아 있고, 7월 중순까지도 음지 일부분에는 하얀 눈이 녹지 않고 쌓여 있는 모습을 볼 수 있다.

9월이면 눈이 내리기 시작하여 온통 겨울 설원으로 변하며, 계곡엔 눈이 매우 두껍게 쌓여 이듬해 7월에도 채 녹지 않은 눈을 볼 수 있다. 기상관측상 가장 일찍 눈이 내린 날은 8월 30일이며, 가장 늦게 눈이 내린 날은 6월 24일이라고 한다. 10월 말에 올랐을 때도 이미 눈이 하얗게 덮었고 한겨울 외투를 입어야 할 정도의 날씨에 비룡폭포가 얼어 있는 모습을 볼 수 있었다. 그러다보니 식물이 자랄 수 있는 기간은 실질적으로 7, 8월 정도이다.

[그림 2-33]
10월의 어느 날, 얼어붙은 비룡폭포

[그림 2-34]
눈과 얼음으로 덮인 10월의 북백두 천지 입구. 가운데 장군봉과 비루봉, 왼쪽 망천후

## 강수량

백두산 지역은 강수량이 비교적 많다. 1년 중 비가 내리는 날이 210일쯤 되고, 특히 7, 8월 우기에는 거의 매일 비가 내려 맑은 날은 불과 며칠되지 않는다. 그러다보니 맑은 천지를 보기 어려운데 지역 사람들에 의하면 여름 우기에 맑은 천지를 볼 수 있는 확률은 10% 정도라고 하니 얼마나 비가 자주 내리는지 짐작할 수 있다.

연평균 강수량은 1,500mm 내외로서 우리나라의 연평균 강수량과 비슷하거나 약간 많은 정도이다. 다만 방향에 따라서는 지형에 따라 미기상이 매우 다르게 나타나고 있는데, 북사면에 있는 천지 기상관측소의 연강수량은 1,340mm로 측정되었고 남사면에서는 2,500mm 이상으로서 이는 우리나라에서 가장 강수량이 많은 지역에 속한다.

또한 해발고도가 낮아지면 강수량도 점차 적어진다. 해발고도 710m인 이도백하의 강수량은 700mm 내외이지만 해발고도 1,845m인 온천지대에서는 1,000mm 이상으로 측정되었다.

## 바람

바람과 대기순환 그리고 지형의 영향을 받아 백두산 산정은 편서풍이 주로 분다. 계절별로 차이가 있어 산 아래는 편서풍이지만 여름철에는 동남풍이 증가되고 겨울철에는 감소된다. 서풍이 강한 백두산은 연평균 풍속이 거의 초속 12m에 이르고, 특히 천지를 중심으로 산정상 부근에서 강한 돌개바람 용권이 자주 일어난다. 풍속이 가장 약한 8월에도 초속 7m에 이른다. 8급 이상의 폭풍 일수는 270일 안팎에 이르며, 폭풍이 가장 많은 달은 12월로 한 달 동안에 29일로서 거의 한 달 내내 강한 바람이 불고, 심지어 최대풍속이 초속 70m가 넘을 때도 있다고 한다. 이렇게 강한 바람이 늘 불다 보니 등반 중 사람이 날려갈 정도의 돌풍이 일어나는 경우도 있으므로 조심하지 않으면 목숨을 잃는 경우도 있다. 실제로 북백두 비룡폭포 주변은 늘 강풍이 불어 큰 돌들이 날리는 경우가 많고 인명사고가 빈번하다보니 결국 폭포 옆으로 터널형 층계를 놓아 오르내리게 하였다.

[그림 2-35]
비룡폭포 옆 터널형 층계

### 안개 / 서리

백두산은 공기 중 습도가 많은데다가 지형이 높아 안개가 많다. 남쪽의 더운 공기와 몽골지방에서 오는 찬 공기 마주치면서 안개 끼는 날이 많다. 7~8월에 안개가 끼는 날수는 33일 내외로서, 구름이 많고 천둥 현상이 잦으며 주로 눈·비를 동반하는 경우가 많다. 관측에 따르면 안개 끼는 날짜가 1년에 260일 이상으로 중국의 아미산 등 2, 3개 산악지역 다음으로 많다.

평균 기온이 낮기 때문에 서리가 없는 무상기도 대단히 짧다. 천지에서 서리가 내리기 시작하는 날짜는 8월 초이고 끝나는 날짜는 이듬해 6월 중순경이어서 무상기는 겨우 70여일에 불과하다.

## 2. 화산활동에 의한 지형과 지질

백두산 일대는 반복되는 화산활동으로 용암이 분출되어 현무암과 용암대지를 이루었고, 중생대와 신생대의 구조운동으로 단열구조, 파열구조 단층이 발달되었다. 백두산 화산폭발에 대한 연구는 백두산 형성과 화산재의 분포 범위 그리고 최근에는 곧 다가올 수도 있는 화산폭발 가능성에 대한 연구들이 진행되고 있다.

대표적으로 몇 사례를 들면, 마치다 등(Machida et al., 1983), 후루타 등(Furuta et al., 1986), 마치다(Machida, 2002), 야추주카 등(Yatsuzuka et al., 2010), 주 등(Zou et al., 2010), 임 등(Lim et al., 2014), 맥린 등(McLean et al., 2016) 등의 연구들이 백두산 화산폭발에 대한 연구성과를 담고 있다.

이들 연구자들의 연구를 종합하면 다음과 같이 정리할 수 있다.

약 277만년 전 백두산 일대 지각에 큰 틈이 생기면서 화산이 폭발하여 현무암과 대규모 용암대지를 이루었다. 용암의 두께는 50~300m이고 면적 약 1.5만 $km^2$에 이른다. 용암분출구는 순상대지의 정상부를 이루어 백두산의 근간을 형성하였다.

중단되었던 화산활동이 약 58만 년전 2차 폭발로 점성이 강한 알칼리성 조면암이 백두산을 중심으로 약 900m 두께로 형성되었다.

이후 약 44만년 전 3차 폭발에서도 점성이 강한 알칼리성 조면암이 분출되어 원 조면암 층 위로 퇴적되었고 두께는 약 111m에 이른다.

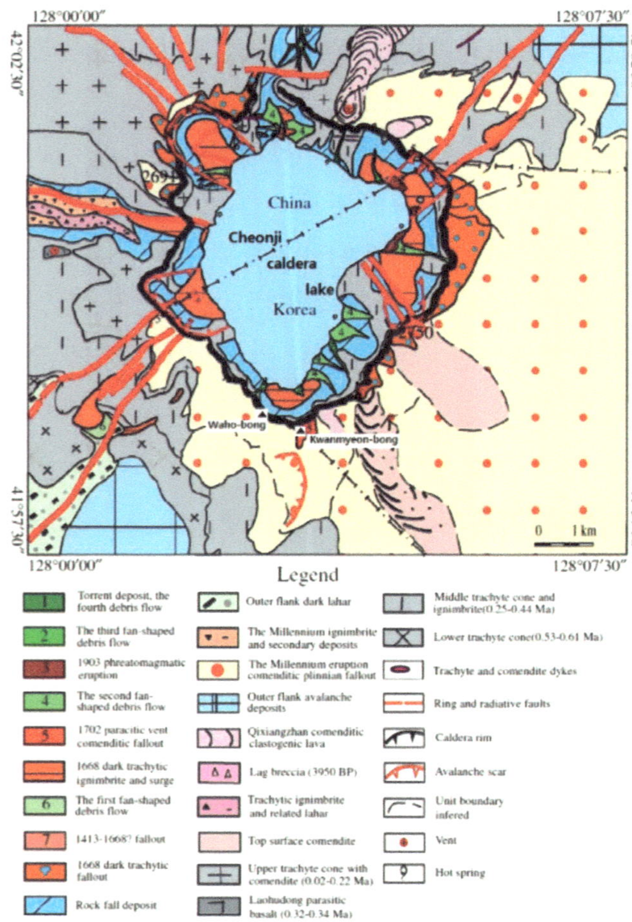


[그림 2-36]
백두산 천지 주변 화산 지질도 (Wei et al., 2013)

이어 21만 년 전 4차 폭발로 두께 약 196m에 이르는 알칼리성 조면암 층이 퇴적되었다.

약 8만 7천년 전의 화산활동은 분출구가 여럿이었으며 부석과 청회색조면암이 약 117m 두께로 퇴적되었다. 이렇게 반복적으로 화산활동이 계속되면서 오늘의 백두산의 모습을 완성하였다.

- 1000만~200만년 전, 백두산 바닥 생김. 땅 속에서 주로 분출된 것은 알칼리 현무암 - 백두산 형제폭포 바닥에서 발견
- 신생대 제3기, 한반도에서도 공룡이 멸종하고 매머드가 살았던 시기 한반도에서 화산 활동이 가장 활발했던 시기
- 백두산 봉우리가 생김 - 끈적끈적한 조면암 용암
- 신생대 제4기. 현재의 백두산 모습. 백두산 봉우리에서 다시 현무암이 용암의 형태로 녹아 분출되어 용암 대지가 생겼고 현재의 천지가 만들어짐. 백두산은 휴식기에 들어갔으며 대연지봉과 소연지봉 같은 작은 기생화산에서는 계속해서 현무암 분출

그리고 1만 년 전, 마지막 빙하기가 끝나고 역사시대에 들어와서 5200년 전부터 여러 차례 화산활동이 발생하여 주로 화산회, 부석 등이 분출되었다.

다음 그림은 백두산 천문봉의 화산재 분포를 나타낸 그림인데 화산폭발 시기가 뚜렷하게 구분되고 있다.

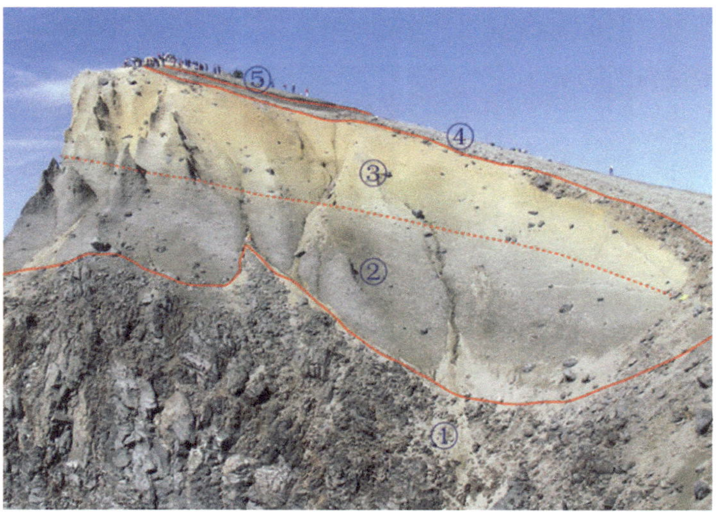


[그림 2-37]
백두산 천문봉의 화산재 분포 (Yu et al., 2013)

① 조면암(trachyte)
② 5천 년전 폭발로 생성된 회색 경석(medium-welding),
③ 5천 년전 폭발로 생성된 황색 경석(조면암 포함)
④ 1만년 주기의 대폭발(Millennium eruption)로 생성된 회백색 경석
⑤ 1668년 폭발로 생성된 흑회색 경석

정상부 천지 주위의 산지는 식생이 거의 없이 지의류와 일부 야생화 정도이고 화산폭발의 흔적인 부석과 현무암 등이 노출되어 있다.

[그림 2-38]
백두산 정상부. 지의류와 지피류, 부석만으로 이루어진 고산 툰드라

[그림 2-39]
천지 주변의 지형과 지질, 식생대

[그림 2-40]
천지 부석과 화산

[그림 2-41]
백두산은 화산

## 3. 빙하활동에 의한 지형과 지질

마지막 빙하기가 물러 간 1만 년 전 백두산은 빙하의 영향으로 카르(권곡호), 각봉 및 U형 지형과 빙적 지형이 형성되었다.

### 권곡(圈谷 : 카르 Kar)

카르는 빙하의 침식작용에 의해 형성된 넓은 오목한 모양의 골짜기를 말한다. 산지의 경사면을 따라 마치 숟가락으로 도려낸 것 같이 오목한 지형이며 산능선 등에 주로 발달한다. 빙하가 성장하면서 침식작용으로 산의 표면을 깎아 대체로 반원형으로 오목한 골짜기가 된다.

백운봉 북쪽과 지반봉 남쪽 사이에 위치한 안락의자 모양의 백운동 카르가 대표적이다. 너비 약 1km, 깊이 300m 내외 정도의 규모로서, 카르의 배경이 되는 산지의 경사도는 70도에 이르며 카르의 경사는 완만하고 앞부분은 6~10도 내외로 거의 평지에 가깝다. 옥주봉 남쪽 기슭에 동쪽을 바라보고 형성된 옥주봉 카르는 폭 1.5km, 길이 1km, 깊이 400m 정도의 규모로 형성되어 있다. 관면봉 북쪽으로 형성된 관면봉 카르는 비교적 규모가 작아 길이 500m, 너비 1km, 깊이 300m 정도에 이른다.

백두산에서 가장 규모가 큰 망천후 카르는 망천후 서쪽과 장군봉 북쪽에 걸쳐 형성되어 있다. 길이와 폭이 각각 1.5km에 이르고 깊이 500m 규모이다. 뒤쪽 산지 경사도는 70~80도로 심한 급경사를 이루고 카르 앞부분은 매우 완만하다.

### 각봉(첨봉 尖峰, 혼 Horn)

각봉은 지형의 양쪽 면이 빙하의 침식작용을 받아 주변이 깎여 나가고 뾰족한 봉우리가 형성된 지형이다. 천지 주변의 대부분의 봉우리들은 빙하의 작용에 의해 만들어진 각봉이다.

### U형 골짜기

빙하가 서서히 흘러 암석과 지반을 깎아 형성된 골짜기로서 대규모 빙하에 의해 U자형 골짜기가 형성된다. 천지 북쪽 북백두의 비룡폭포에서부터 이어지는 이도백하 골짜기가 대표적인 빙하로 이루어진 U형 골짜기이다.

또한 백두산 북백두에는 1만년 전 빙하시대에 형성된 빙하퇴적물들이 분포한다. 이들 빙하퇴적물들은 한반도와 중국 북동부에서는 찾아보기 힘든 독특한 빙하경관을 이루고 있다.

[그림 2-42]
빙하에 의해 형성된 U형 골짜기가 이도백하를 이루며 흐름

## [4] 생태보전 및 현명한 이용

백두산은 자연생태계나 문화적으로 매우 뛰어나고 의미 있는 상징적인 신령한 산이다 보니 직접 국경이 맞닿고 있는 북한이나 중국에서 여러 가지 보호 노력을 기울이고 있다.

백두산의 생태문화적 가치를 요약하면 끝없이 펼쳐지는 침엽수림, 온통 하얗게 덮이는 빙설 그리고 신화와 전설 등이며, 이러한 신비한 특성으로 백두산은 천년의 비밀과 만고의 영묘를 간직한 생태문화관광지로 손색이 없다. 오직 자연의 힘으로 만든 원시 그대로의 모습을 간직한 기암괴석과 신비의 샘물, 야생화와 울창한 숲이 어우러진 장엄한 자연생태계라고 감히 말할 수 있다.

북한과 중국에서는 이렇게 소중한 백두산의 생태계를 지키기 위해 보호지역으로 지정하여 국가 차원에서 관리하고 있다.

1959년 북한은 백두산 일부를 '백두산 자연보호구'로 지정한 후 1976년에는 보호구역을 확장하였다. 중국에서는 1958년 천문봉(2,650m) 부근에 기상대를 설치하고, 1960년에는 2,100km2를 '창바이산(장백산) 자연보호구'로 지정하였다.

그리고 1980년에는 북한과 중국측 자연보호구를 함께 유네스코 생물권보전지역으로 지정하였으며, 1992년 IUCN에 의해 국제적으로 의의 있는 A급 자연보호구로 지정되었고, 2007년 5월 5A(AAAAA)급 관광풍경구로 승격 지정되었다. 2002년 중국 10대 명산, 2009년에는 중국 10대 특색 레저 명승지로 지정되었다.

[그림 2-43]
백두산은 중국 정부에 의해 국가급 탐방지로 지정

1983년 중국의 지도자 등소평은 백두산 정상에 올라 천지를 굽어보면서 "장백산에 오르지 않으면 평생 크게 후회할 것"이라고 말하면서, 백두산 이름을 휘호로 남겼다.

그 외에도 중국에서는 '관동 제일 산', '중국 10대 명산', '중국에서 가장 아름다운 5대 호수', '중국에서 가장 아름다운 10대 산림' 등으로 각각 평가되고 있다.

**참고** 북한에서는 백두산을 명승과 자연보호구로 지정하여 보호하고 있는데, 한편으로는 김일성 당시 항일투쟁지인 밀영을 복원하고 김정일 탄생지라고 주장하는 정일봉(향도봉) 주변을 성역화하는 등 김일성 일가의 우상화를 위한 혁명 전적지로서의 가치를 더 높게 부여하고 있다고 한다.

# 동서남북 사방으로 올라가는 백두산

백두산은 천지를 중심으로 남동쪽은 북한, 북서쪽은 중국지역이다. 백두산 중국지역은 크게 북백두(북파), 서백두(서파), 남백두(남파)로 나뉜다.

[그림 3-1]
백두산 탐방로

저자는 지난 15년간 중국측의 북백두 2개 탐방 탐방로(달문, 천문봉), 서백두, 남백두 등을 십여 차례 반복해서 등정하였으나 북한측에 위치한 백두산 동부 등정 탐방로를 탐방할 기회가 없었다. 다만 저자와 교류하는 조선족 교수를 통해 백두산 동부지역의 자료는 몇 개 가지고 있으며, 언젠가는 북한 지역의 백두산을 답사할 기회가 올 것을 손꼽아 기대하고 있다.

마침 북한쪽 백두산을 탐방했던 연변대 김석주 교수께 몇 가지 기본적인 자료를 구할 수 있어 이 책에서 소개한다. 귀한 자료를 제공해주신 김석주 교수께 감사드린다.

[그림 3-2]
입장권에 그려진
백두산 탐방로 개요

천지를 중심으로 북백두 탐방로는 험준한 산세를 자랑하며 서백두 탐방로는 완만한 고산지대를 이루고 있다. 남백두 탐방로는 북한과의 국경을 형성하는 압록강을 따라 형성된다.

동쪽 백두산은 우리나라(한반도)에서 가장 오지에 속하는 개마고원의 고원지대와 연결되어 있고 다양한 자원들과 볼거리들이 특징이다.

[그림 3-3]
백두산 입장권 및 지게꾼

# [1] 북백두 탐방로(북파)

## 1. 북백두 산문/진입로 및 이도백하 마을

백두산의 주된 탐방로는 북백두 능선이며, 천문봉 탐방로와 폭포 탐방로(또는 승사하 탐방로)가 있다.

차량을 이용해 오른 후 5분 정도 걸어 천지를 내려다보는 천문봉 탐방로는 등정이라기보다는 관광에 가깝고, 비룡폭포(장백폭포)를 거쳐 터널형 층계를 걸어올라 천지 물을 직접 만져볼 수 있는 폭포 탐방로(또는 승사하 탐방로)는 오르는 길에 온천 등 다양한 볼거리가 있다.

[그림 3-4]
지형도로 본 북백두 탐방로.
가운데 구불구불한 길이 지프를 이용해 천문봉에 오르는 탐방로가 인상적이다. 그 왼쪽 직선 길이 비룡폭포 옆 계단을 올라 승사하을 거쳐 천지 수면에 이르는 탐방로

[그림 3-5]
북백두 진입도로.
멀리 백두산이 보인다.

[그림 3-6]
백두산 북백두 산문

[그림 3-7]
백두산 전기버스

북백두 관광구는 북백두 산문, 비룡폭포(장백폭포), 소천지, 녹연담(绿渊潭), 호림원(虎林园), 협곡부석림(峡谷浮石林), 승사하, 얼다오바이허표류(이도백하 : 二道白河漂流), 미인송공원(美人松公园), 창바이산자연박물관 등의 생태문화자원이 분포한다.

[그림 3-8]
북백두 산문에 설치된 장백산(백두산) 휘호. 중국 최고 권력자 등소평 친필

[그림 3-9]
백두산 휘호비에는 백두산 설명 및 자연생태계가 설명되어 있다.

## 2. 비룡폭포/승사하 탐방로

[그림 3-10]
비룡폭포를 지나는 승사하 탐방로.
자연환경을 보호하여 문명한 관광객이 되고 인류에게 복을 마련합시다.

비룡폭포 탐방로는 도보로 이동하여 비룡폭포 옆 터널형 층계를 올라 승사하를 통해 천지 수면까지 이르는 탐방로이다. 천지에 오르는 길에 터널형 층계 옆으로 사시사철 물이 멈추지 않는 폭포 물줄기가 마치 용이 하늘로 오르는 형상과도 같다 하여 비룡폭포라고 부르며 중국에서는 장백폭포라 부른다.

[그림 3-11]
비룡폭포 가는 길

비룡폭포는 낙차 68m에 이르는 폭포로서 멀리서 본 비룡폭포는 마치 흰 명주필을 걸어놓은 듯하다.

[그림 3-12]
북백두 비룡폭포 옆 터널에서 바라본 이도백하 및 터널 내부

폭포 주변 계곡에는 돌풍이 심하여 커다란 돌덩이들이 날려 사람들이 다치는 사고가 빈번하다보니 폭포 옆 층계를 터널로 조성하였고, 터널 중간 중간 폭포와 주변 풍경을 감상할 수 있도록 창문을 개방하여 급경사 층계를 오르다 지친 탐방객들은 중간에 잠시 쉬면서 감상도 하면서 호흡을 가다듬고 다시 오를 수 있도록 하였다.

[그림 3-13]
북백두 탐방로 천지에 오르는 층계.
강풍으로 인해 돌덩이가 날려 사고가 빈발하기 때문에 사고예방 위해 터널형으로 조성

[그림 3-14]
비룡폭포 탐방로는 다리도 건너고 가파른 층계도 걸어 올라간다.

## 3. 승사하/달문/종덕사/견우도

### 승사하(乘槎河)/달문

북백두 탐방로 정상 차일봉(용문봉)과 철벽봉 사이 V자형 계곡에는 백두산 천지 주변으로는 유일하게 외부로 천지 물이 흘러나갈 수 있도록 개방된 물길이 있는데, 천지 물이 직접 비룡폭포로 흘러가는 관문으로 알려져 있다.

[그림 3-15]
비룡폭포 옆 터널을 지나면 승사하를 거쳐 천지에 이름

천지 물은 북백두쪽으로 빠져나와 길이 1,250m의 승사하(또는 승차하라고도 함)를 이루며 꾸불꾸불하게 흐른다. 천지를 빠져나온 물은 계류를 따라 물길이 이어지며 이 물줄기는 먼 곳에서 보면 하늘을 오르는 다리를 연상하게 된다고 하여 승사하라고 부른다. 또는 쪽배를 타고 하늘로 올라갔다고 해서 승차하라고도 한다.

한편으로는 하늘에서 떨어지는 은하와도 같다고 하여 하늘로 통하는 은하 즉, 통천하라고도 불렀다.

[그림 3-16]
하늘로 오르는 물,
승사하

승사하(또는 통천하)를 때로 '달문'이라 부르기도 한다. 달문에 대해서는 여러 견해가 있는데, 일반적으로 천지 물이 흘러나가는 관문이라는 견해이지만, 그 외에도 천지를 가리키는 다른 말이라는 설, 토문강을 의미한다는 설 등이 있다. 달문이 천지 자체를 의미한다는 견해는 만주어로 '타문=천지'라는 의미로서 이를 한자로 달문이라고 옮겨 적었다는 해석이다.

한편으로 해동지도 무산부에는 천지에서 직접 흘러나오는 강을 '토문강'이라고 표기하고 있다. 지도에 표기된 대로 토문강을 의미한다면 달문으로부터 시작되는 송화강이 곧 토문강이고 정계비에 기록된 대로 송화강이 조선과 청나라의 국경이라는 의미가 되므로 광활한 만주벌판 북간도 일대는 조선의 땅이라는 근거가 될 수도 있다.

[그림 3-17]
천지에서 직접 흘러나가는 이도백하(송화강)을 토문강으로 표기한 해동지도 무산부 (서울대학교 규장각 소장)

승사하를 흐른 천지 물은 강 바닥에 흩어진 화산암 낙석들과 부딪쳐 물보라를 일으키며 흐르다 높이 68m에 이르는 비룡폭포(장백폭포)를 이룬다. 비룡폭포는 사시사철 웅장한 물줄기를 흘려보내며 이도백하를 거쳐 중국의 송화강을 이룬다.

[그림 3-18]
승사하 및 그 주변

## 보천석補天石 / 우랑도牛郎渡(견우도)

천지의 물이 길고 하얀 천이 늘어진 모양으로 흐르는 승사하 진입 입구 부근에 천지로 크게 튀어 나온 반도 같은 바위가 있다. 길이 50m, 가장 높은 곳이 수면에서 10m 정도 되는 이 바위를 '보천석'이라고 부른다. 용암이 냉각된 바위에서 천장 부분에 가스가 빠진 흔적이 무수한 구멍으로 남아 있다.

보천석에서 승사하를 건너면 '우랑도(일명 견우도)'라고 부르며, 견우직녀의 전설이 깃들어 있다. 우랑도 건너 천활봉과 철벽봉 사이에 해발 2,558m의 직녀봉이 솟아 있다. (견우직녀의 전설은 직녀봉 참고)

[그림 3-19]
우랑도(견우도)와
그 주변

[그림 3-20]
보천석 및 그 주변

## 종덕사(宗德寺)

종덕사는 북백두 천지 물이 승사하로 흐르는 출수구 옆 천활봉 기슭의 응회암 지대에 위치했던 사찰로서, 기록에 의하면 법당 평면이 8각형 모양을 이룬 목조 건물로서 8각형이라 해서 '팔괘묘'라고도 불렀다. 일설에 의하면 방이 99간에 이르렀다고 한다. 법당은 삼중벽으로 되었으며, 바깥쪽은 팔각형이고 동서와 남북 방향 길이가 약15m에 이른다. 안쪽도 팔각형이며 길이는 각각 6m 내외이다. 1930년을 전후해서 최시현이라는 인물이 세웠다고 한다. 아마도 그 훨씬 이전부터 전해오던 사찰을 이 무렵에 증개축한 것으로 보인다.

[그림 3-21]
종덕사터로 추정되는 곳

종덕사는 숭덕사(崇德寺), 존덕사(尊德寺), 송덕사(宋德寺) 등 여러 이름으로 전해오다, 1986년 폐허가 된 사찰터에서 종덕사라고 씌여진 조각을 발견하게 되어 이후로는 종덕사로 통일되었다. 언제인지 불명확한 시기에 온돌방이 딸린 종덕사를 짓고 낙성식을 하던 날 저녁에 화재로 모두 타버려서 다시 1년 동안 목재로 된 팔괘묘를 지었다는 이야기가 연변지역에 전해온다. 1954년 6월까지도 법당 형체가 남아 있었고, 법당 내 현판과 글귀, 축조자 명단 등이 남아 있었다가, 그 이후로 오랜 세월을 방치하여 완전히 파괴되고 지금은 빈 터에 몇몇 흔적만 남아있을 뿐이다(김희정 외, 2002).

1930년경 백두산에 올랐던 안재홍의 『백두산등척기』에 의하면 종덕사는 이미 사람이 없는 빈 절이었는데, 그 이전부터 이미 오랫동안 빈 절로 남아 있다가 태극교도들이 중수하고 수도를 하던 중 마적단으로 인해 폐사되었다고 한다.

다음 그림은 중국에서 발간한 백두산 일대 지형도로서, 북백두 탐방로에서 천지 출구 승사하 옆에 위치한 원 A가 종덕사 위치로서 지도에는 '팔괘묘'라고 기록되어 있다.

[그림 3-22]
백두산 종덕사.
가운데 직선이 비룡폭포 탐방로, 꾸불꾸불한 도로가 천문봉 탐방로. 원 A는 종덕사, 원 B는 흑풍구

## 4. 천문봉 탐방로

1958년, 백두산천지 기상관측소가 설치되면서 천문봉이라고 부른다. 천문봉 정상 기상관측소까지는 차량으로 이동할 수 있도록 꾸불꾸불하지만 잘 포장된 길이 닦여 있어 쉽게 접근할 수 있다.

천문봉 탐방로는 북백두 산문을 지나 주차장에서 짚차로 갈아타고 꾸불꾸불한 길을 쏜살같이 달려 천문봉 정상에 이르는 스릴 넘치는 탐방로이다. 천문봉 정상에서는 비룡폭포 탐방로에서 승사하를 거쳐 천지에 이르는 풍경들을 내려다 볼 수 있다.

[그림 3-23]
천문봉에서 내려다 본 천지.
승사하가 시작되고, 옆으로 천지에 산다는 괴물도 보인다.

[그림 3-24]
천문봉 정상부와 천지 전경.
GPS에서
42° 01′ 27″ N,
128° 04′ 07″ E
및 해발고도 2,641m를 나타냄.

[그림 3-25]
천문봉 탐방로의 꾸불꾸불한 도로와 정상의 천문기상대

## 흑풍구(黑風口)

천문봉 탐방로로 오르는 꾸불꾸불한 도로 중간 부분에는 불로봉 능선과 전망대 사이에 양쪽 절벽 사이로 약 20m 폭의 협곡지형이 나타난다(그림 3-22 원B). 이곳은 사시사철 270일 이상 평균풍속 11.7m의 돌풍이 불며, 심할 때는 광풍이 울부짖고 돌덩이들이 날아다닌다고 하여 흑풍구 또는 풍구라고 부른다. 워낙 바람이 심하여 탐방객들이 서서 다니지 못하고 엎드려 다닐 정도이다.

[그림 3-26]
흑풍구에서 본 비룡폭포와 이도백하

이곳에서 바라보는 비룡폭포와 승사하, 이도백하의 전경은 백두산의 또 다른 명물의 하나로 평가된다.

## [2] 서백두 탐방로(서파)

서백두는 백두산 남서쪽으로부터 중국측 최고봉인 백운봉에 오르는 탐방로이다. 지프차와 버스 등을 통해 단체관광객이 접근을 하던 북백두 탐방로와는 달리 서백두 탐방로는 주로 트래킹과 같은 자연생태탐방로로 개발하고 있다. 백두산 서쪽지역을 관리하는 중국 길림성 장백산국가급 자연보호구 서파여유국이 이곳을 세계적인 생태관광지역으로 보호하고 있다.

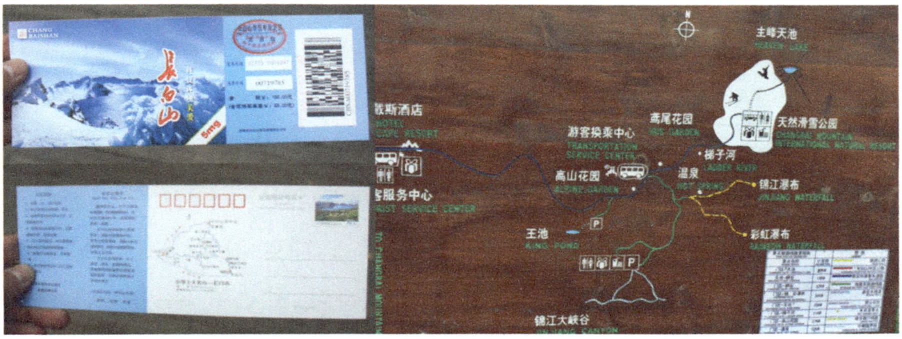


[그림 3-27]
서백두 입장권 및 안내판

서백두 관광구는 서백두 산문, 왕츠(왕지 : 王池), 4개 수직 경관대, 왕츠(왕지)화원, 디쯔허(제자하 : 梯子河), 중조5호 국경비(中朝5号 界碑), 천지, 금강대협곡, 고산화원, 쑹쟝허표류(松江河漂流) 등이 분포한다.

### 1. 서백두 산문 및 진입로

백두산 서백두 탐방로는 비교적 최근인 1998년 경부터 개방되었다. 그 이전에는 주로 북백두를 통해 백두산을 탐방했으나 점차 서백두 탐방객이 증가하고 있다.

[그림 3-28]
서백두 산문

그럼에도 북백두에 비해 아직은 덜 알려진 서백두 지역은 영화 '사운드 오브 뮤직'의 장면을 떠올리게 하는 광활한 초원지대와 지천에 야생화가 흐드러져 새로운 모습을 보여준다. 고산화원, 신비한 연못 왕지, 천지가 용암을 분출하며 만들어낸 금강대협곡, 거대한 용암이 지하로 흘러 생겨난 제자하, 높이 80m의 금강폭포, 진주온천 등 서백두만의 아름다움을 그대로 간직하고 있다.

서백두는 북백두와는 달리 환경보전에 주력하여, 보호구역을 설치하는 등 보호노력을 기울이고 있다.

[그림 3-29]
서백두 진입로 대협곡과
천지 갈림길 안내 조형물

서백두 탐방로는 중국 길림성 안도현 이도백하진에서 출발해 해발 1,500m의 백두산 서쪽 산문을 거쳐 청석봉, 용문봉으로 올라가며, 중간중간 온갖 야생화가 만발해 장관을 이룬다.

[그림 3-30]
서백두 탐방 안내도

[그림 3-31]
서백두 산문 자연생태박물관과 왕포플러

[그림 3-32]
서백두 진입로 특산품점에는 산삼에서 호피까지 없는게 없다.

## 2. 탐방로

서백두 탐방로는 청석봉(2,662m)과 제운봉(2,603m) 사이의 낮은 능선으로 올라 5호 경계비를 향한다. 천지까지 1,236층계 … 그런데 새로운 층계공사가 완성되어 지금은 1,442단으로 이루어진 돌층계가 놓여졌다. 나무층계와 돌층계를 구분하여 마주치지 않고 혼잡하지 않게 각각 일방통행할 수 있도록 하였다. 그리고 노약자와 불편한 탐방객을 위해 인력거도 준비되어 있다.

[그림 3-33]
서백두 천지가는 길. 층계 만들기 공사로 인해 백두산은 상처받고 있다.

[그림 3-34]
천지에 오르는 길은 등산로 외에도 층계와 인력거도 있다.

[그림 3-35]
서백두 입구 탐방로.의 옛모습. 지금은 잘 지어진 구조물과 포장이 반겨준다.

[그림 3-36]
열지어 서백두를 오르는 탐방객

## [3] 남백두 탐방로(남파)

남백두 탐방로는 잘 보존된 생태계가 조화로우며 압록강(Yalu River)의 발원지와 최상류 원시하천을 안고 있다. 남백두 관광구는 남백두 산문, 탄화목유지, 압록강 대협곡, 4개 수직경관대, 고산습지, 압록강 발원지, 백두산 제1초소 등의 생태문화자원이 분포한다.

[그림 3-37]
남백두 입구 압록강 상류의 북한과 중국 국경에 설치된 경고문

### 1. 남백두 산문 및 진입로

압록강 상류 북한과의 국경을 따라 옥주봉, 제운봉, 관면봉에 오른다. 일부가 북한지역에 속하며 최근 개발된 탐방로로서 원시생태계가 살아 있다.

[그림 3-38]
남백두 산문

[그림 3-39]
남백두 입구 탐방로.
위 왼쪽 : 산문에서 전기자동차 셔틀, 위 오른쪽 : 압록강 상류(건너편이 북한)
아래 왼쪽 : 국경선(밀수방지 철조망, 오른쪽이 북한), 아래 오른쪽 : 화산재로 덮인 백두산

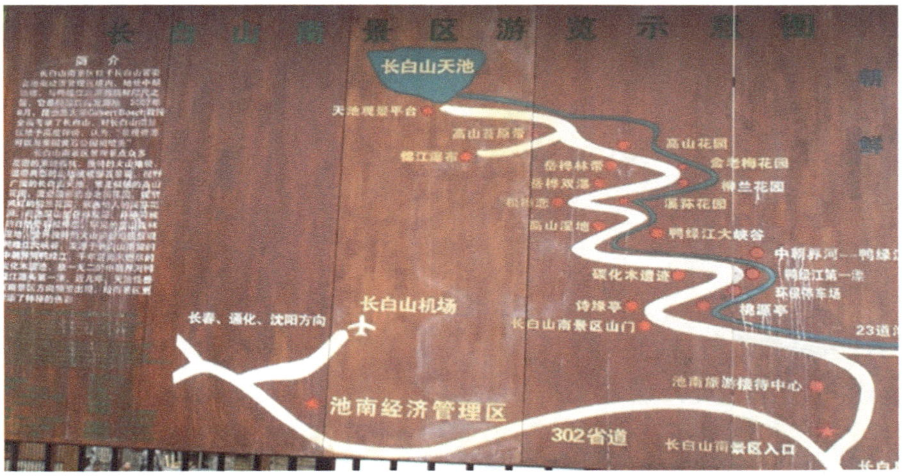


[그림 3-40]
남백두 안내문

양 메이(扬眉)는 다음과 같은 칭송시를 남겼다.

横山分水双峰联，谷岗风光四季延
苔原沧桑容岁月，峡谷跌宕泛青烟
鸭绿江水寒鸭绿，岳桦树林山岳绵
惹来金童玉女唱，青山秀水赛江南

### 2. 탐방로

남백두 탐방로는 북한과의 국경을 이루기 때문에 오랫동안 출입이 금지되었다가 2008년에 일반에게 공개되었다. 관면봉 정상에 북한 · 중국 국경이 있고, 국경비와 함께 국경을 의미하는 체인이 엉성하게 설치되어 있다.
세계적으로 희귀한 툰드라 계곡 습지대, 다양한 고산정원, 사랑을 이루는 소나무 숲, 숲 속에 숨어 있는 이단폭포, 화산폭발로 까맣게 타버린 나무유적 탄화목, 압록강 대협곡 등 원시 백두산의 흔적을 간직한 생태계가 온전히 보전되고 있다.

## [4] 동백두 탐방로(북한)

동백두는 북한 영역에 속한다. 산경표에서 말하는 백두대간이 지나가는 경로이다.

[그림 3-41]
동백두 탐방로 삼지연호수에서 백두산 가는 길

양강도 삼지연군에 위치하며, 드넓은 용암지대를 거쳐 사기문폭포, 백두폭포, 형제폭포, 리명수폭포, 압록강 상류를 지나 백두산 최고봉인 장군봉에 이르게 된다. 백두산이 위치한 삼지연군은 평균 높이 1400m에 이르며, 남포태산(2433m), 북포태산(2288m), 대연지봉(2358m), 소백산(2170m) 등이 있는 한반도의 지붕이며 가장 추운 지방이라고 할 수 있다.

대부분 화산활동으로 생성된 부석으로 덮여 있으며, 크고 작은 호수와 소택지들이 발달되어 있다. 압록강과 두만강 발원지 또한 삼지연군에 위치한다.

삼지연군 면적의 90% 이상이 산림으로서 경작지는 9% 내외이다. 주로 목재산업이 발달했으며, 강수량이 비교적 적어 1000mm가 채 안되는 해가 많다.

1989년 삼지연군 전체가 백두산 생물권 보호구로 지정되었다.

삼지연에서 백두산으로 오르는 길에는 궤도식 삭도가 가끔씩 운행하고 있다. 또한 망천후(향도봉)에서 천지까지는 약 1.3km 내외로서 케이블카와 계단이 설치되어 있어 쉽게 접근할 수 있다.

[그림 3-42]
백두산 궤도식 삭도
(Koreakonsult.com)

[그림 3-43]
망천후. 아래를 지나는 궤도식 삭도

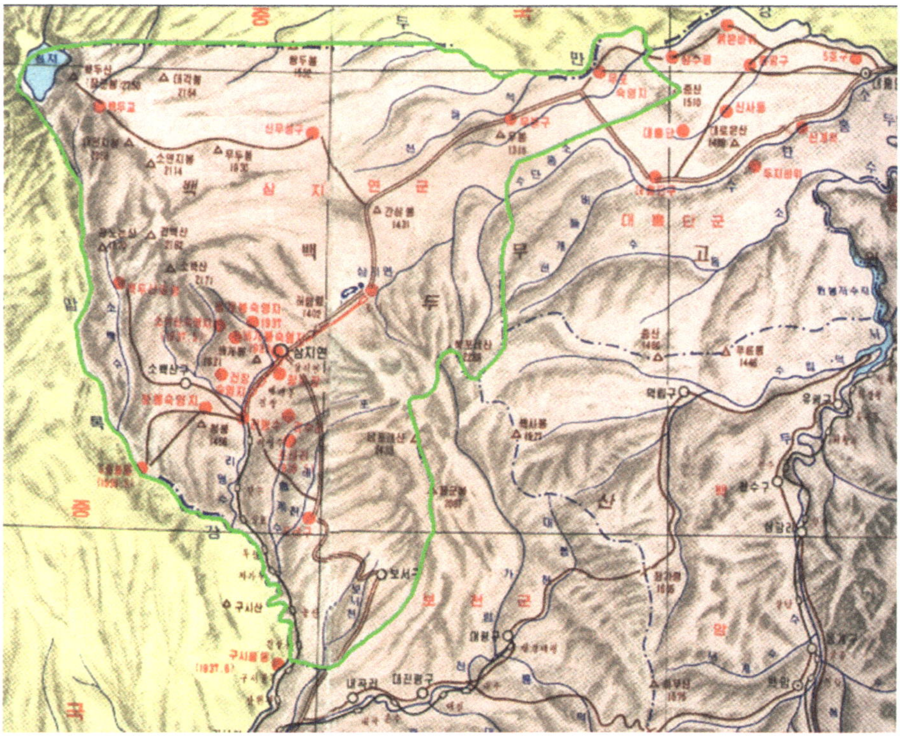


[그림 3-44]
북한쪽 백두산.
삼지연군에 위치한다.

[그림 3-45]
동백두 망천후(향도봉)

[그림 3-46]
망천후 정상.
장군봉 안내 표지석과 사적비가 설치되어 있다.

[그림 3-47]
망천후에서 천지에 이르는 계단

[그림 3-48]
동백두 망천후에서 접근한 천지

[그림 3-49]
북한에서 바라 본 천지와 서백두, 남백두 봉우리

[그림 3-50]
북한쪽 봉우리와 천지 주변

[그림 3-51]
북한쪽 백두산. 흰색 부석으로 덮인 모습이 눈에 띈다.(google 이미지)

[그림 3-52]
망천후에서 천지에 이르는 케이블카(위) 및 천지(아래)

# 하늘 아래 가장 높은 천지 그리고 호수와 폭포

[1] 천지 혹은 대지, 대택
[2] 왕지 / 소천지 / 녹연담 / 삼지연
[3] 비룡폭포 / 금강폭포 / 악화쌍폭 / 사기문폭포 / 그리고...

[그림 4-1]
푸른 하늘을 하얗게 수놓은 흰구름.
천지 수면에 비친 흰구름의 그림자가 백두 영봉의 그림자와 어우러져 이곳이 진정 신선의 세계임을 강하게 드러낸다.

## [1] 천지 혹은 대지, 대택

### 1. 천지가 개벽하는 하늘 못

천지를 보지 않고는 백두산에 다녀왔다고 말할 수 없다고 할 정도로 천지는 백두산의 상징이다. 북한에서는 천연기념물 351호로 지정되어 있다.

[그림 4-2]
천지에서...
천지 건너편은 북한.
사진 오른쪽 가장 높은 봉우리가 백두산 최고봉인 장군봉.
장군봉 왼쪽으로 향도봉(망천후).
앞(천지방향)은 비루봉.

백두산 정상 중앙부에는 칼데라호인 천지가 신비롭게 자리잡고 있다. 천지는 부석의 공급원이 되었던 화산폭발과 함께 화구가 함몰하여 이루어진 칼데라에 빗물 등이 모여서 된 칼데라호로서 세계에서 가장 큰 분화구로 알려져 있다. 천지 호수면은 맑고 짙푸르게 빛나며, 푸른 하늘과 흰 구름 그리고 주위의 16연봉을 거울처럼 비치는 모습이 마치 하늘에서 떨어뜨린 거울과도 같다.

천지는 천지 창조의 신비함을 간직한 천상의 호수라는 뜻으로서, 대택, 대지, 용왕담, 달문담, 신분, 용궁지, 천상수, 달문지 등으로 불렸으며, 큰 바다와 서로 통해 있는 눈이라는 의미로 해안이라고도 불렸고, 하늘과 가깝다는 천상근이라고도 불렸다고 한다. 대동여지도를 비롯한 우리나라 고지도나 고문헌에는 대체로 큰 호수라는 의미의 대지(大池), 대택(大澤) 또는 단순히 못이라는 의미의 지(池) 등의 이름으로 표현하고 있다. 또한 심한 돌풍으로 물기둥이 솟아오르는 '용권(龍卷)현상'이 마치 용이 하늘로 오르는 모습처럼 보인다 하여 '용왕담(龍王潭)' 또는 '용담'이라고도 불렸다. 때로는 만주어에서 비롯된 '달문'으로 표기되기도 하였다.

[그림 4-3]
대동여지도에 표기된 백두산과 대지(천지)

일설에 의하면 천지라는 이름은 1908년 청나라 유건봉에 의해 처음 사용되었기 때문에 천지라는 이름의 정통성이 부족하다고 하기도 하는데, 그 이전의 문헌에도 천지라는 표현이 간혹 나타나는 것으로 보아 천지라는 용어 자체는 오랜 역사를 지니고 있는 것으로 보인다.

백두산 천지는 해발고도 2,190m 내외로서 전세계 칼데라호 중에서 가장 높은 곳에 위치하며, 면적 9.165km2, 둘레 14.4km, 평균너비 1.975km, 최대너비(동서) 3.550km에 이르는 말 그대로 천지 규모를 자랑한다. 평균수심 213m, 최대수심 384m로서 세계에서 가장 수심이 깊은 산중 호수로 알려지고 있다.

이는 세계 최고로 알려져 있는 남미의 '티티카카호'(최고수심 304m)나 러시아 생트페테르부르크 근처 '라도가호'(225m)보다 더 깊어 세계 최심의 산상호수이다. 참고로 독일의 라우텐자하는 천지 수심을 442m 이상으로 추정하였다고도 하니, 실로 천지의 깊이는 그 끝을 알 수 없는 무한의 깊이라고나 할 수 있겠다.

천지의 담수 능력은 국내 최대의 인공호수인 소양호의 2/3 정도이다. 천지의 총저수량은 20억 t에 이르며, 천지 물의 70%는 빗물, 30%는 지하수가 솟아 오른 용천수로 이루어진다. 그래서인지 비룡폭포로 쏟아지는 엄청난 물이 일년 내내 그치지 않고 이어져도 천지가 마르거나 수면이 낮아지지 않고 그대로이다.

최남선의 『백두산근참기』를 다시 살펴본다.

"캄캄한 속에서 빛이 나온다. 닫혀진 것이기에 열릴 것이다.
명랑(明朗)한 것이면 회색(晦塞 : 캄캄하게 아주 꽉 막히는 것 - 저자 주)할 것이 염려되지만 꼭 막힌 바에는 남은 일은 열림이 있을 뿐이니, 이제는 하나님도 아주 잠가 두시려는 것이 도리어 난사(難事)일 것을 생각하면 나의 할 도리는 언제까지나 터질 때까지 지키고 서서 움직이지 않을 뿐임을 결단하였다.

가장 싹싹한 맛은 딱딱한 사람에게 있는 것처럼 영원한 흑막인 듯한 저 운무의 바다가 벗어지려 함에 박사(薄紗) 한 조각이 날려가듯 함이 그래 신통하지 아니하랴. 동자(瞳子)도 굴리지 않고 들여다보고 있은 즉, 두리뭉슬이 같은 저 혼돈에 문득 훤한 구멍이 하나 뚫어지면서 그 속에서 자금광(紫金光)이랄 밖에 없는, 달리는 형용할 수 없는, 일종의 영묘한 광파(光波)가 뭉싯하게 수멀거리는데, 빛이 넓어지기 때문에 창이 커지는지? 창이 커지기 때문에 빛이 넓어지는지? 여하간 광파와 창구멍이 손목을 한데 잡고 영역을 마구 개척함이 마치 태평양 군도(群島)의 축일생장적(逐日生長的) 천지개벽 설화를 실지로 보는 듯 하다가 남은 구름이 바람에 쫓기는 연기처럼 이때껏 쳐져 있음이 몹시 무안스러운 것처럼 줄달음질하여 흩어져 버림에 이에 딴 세계 하나가 거기 나오는구나!
신비만의 세계 하나가 문득 거기 넙흐러져 있구나!

자광(紫光)으로, 금색으로, 오색으로, 칠채(七彩)로 그것이 다 기인환적(사

> 람과 하늘이 일어나는 현상 – 저자 주)으로 특이한 미태정조(味態情調)로 가진 도약무도(跳躍舞蹈)를 다하다가 홱 젖혀지고 와짝 열려지는 것은 어느 틈에 환화(幻化)한지도 모르게 얼른 전생(前生)해진 새파란 늪이 둥그러니 움푹 파인 아득한 발 아래 신비한 물결이 괸 것이다. 억천만겁의 과거가 영원 무궁한 미래와 손목을 잡고 일대 원환(圓環)을 지어서 저 늪에 가서 곤두박혔는데, 침묵의 구분(九分)은 묵직하게 깊숙이 잠겨 있고 현재의 작은 한 동강이가 겨우 등을 수면으로 나타난 위에서 묘미의 아지랑이와 신비한 그림자가 얼크러져 뛰노는 여기서만 보는 기절(奇絕)한 하나의 세계이다. 구름이 흩어지는 대로 처녀처럼 자라나는 미의 소식이 햇빛이 쏘이는 대로 장사처럼 활개를 치고 몸부림을 치면서 최대한의 뇌성을 지른다. 푸르다 하자니 거덕지고, 누르다 하자니 까부러지고, 검다기에는 맑고, 희다기에는 진한 저 빛을 무엇이라야 옳은지? 억지로 말하자면 연록을 예각으로 한 일절 종색(種色)의 물과 그 늪을 빌려서 우리 어머니의 진신이 그 편린을 잠깐 내어놓으신 것이라고나 하겠다.
>
> '거룩'이란 무엇을 의미하는지는 잘 모르지만 직각으로 저 늪을 형언하기 위하여 생긴 말임은 의심이 없을 것이다. 크게 불면 크게, 작게 불면 작게, 바람부는 대로 잠시도 가만히 있지 않는 저 호면을 보아라. 물결이 이는 족족 색외(色外)의 색으로만 변전무상(變轉無常)하고 심하면 한꺼번에 일어난 물결이 천이면 천, 만이면 만이 제각각 한 가지 색채씩을 갖추어 가졌음을 좀 보아라! 똑똑히 보아라. 저 조화가 도무지 어디서 나는지 저 속에 무엇이 들고, 저 위에 무엇이 노는지를 좀 생각해 보아라. 고인이 이르기를 대지(大池)의 물은 오색이라 하고, 오색 고기가 산다고도 하고, 그 속에는 신룡이 들어 있다고도 함이 모두 진실로 우연한 것이 아니다. 더구나 일절 종자의 고장(庫藏)이라 하여 천지라고 일컬었음도 과연 우연이 아니다. 천(天) 아니시고야 누가 저 조화를 마음대로 부릴 것이냐?…"

하늘 아래 가장 높은 곳, 천지의 오묘한 신비로움을 묘사한다. 천지 물색깔이 무어라 규정하기 힘든 색채를 띠고 있고 시시때때로 자연의 조화와 맞물려 순간 순간 바뀌고 있음을 경외의 눈으로 바라보고 있다. 천지를 온통 뒤덮고 있던 깜깜한 운무가 흩어지면서 햇빛이 쏟아져 내려오고 태산준령 한복판에 별천지 무릉도원이 나타난다. 육당선생의 미려한 문체로 형언할 수 없는 천지의 신비와 아름다움과 황홀함을 뜨겁게 표현하고 있다.

특이한 것은 거대한 호수 천지를 호수가 아닌 '늪'으로 표현하고 있다는 점이다. 지금의 학술적 기준으로 볼 때 천지는 호수형습지(Lacustrine)로 분류할 수 있는데, 육당선생이 이미 현대적 관점에서 습지로 인식하고 있는 것이 흥미롭다.

[그림 4-4]
서백두에서 바라 본 천지

또 있다.

1751년(영조 27년) 이의철(李宜哲)은 『백두산기』에서 다음과 같이 노래했다.

> "이 산의 형체는 두루뭉술한데 오직 한 곳에 돌산이 솟아 그 꼭대기가 터져 열려 사방에 일곱봉우리가 에워싼 가운데 큰 못(대택)이 있으니 이것이 소위 천지다.
> (蓋比山體團圓特一單獨石山而上頭　開七峰環立四邊中藏大澤卽所謂天池也)"

1764년(영조 40년) 박종(朴琮)은 『백두산유록(白頭山遊錄)』에서 이렇게 묘사한다.

> "석봉이 늘어선 것이 병풍을 두른 것 같고 높이 솟은 것이 군자와 같은데, 그 복판에 큰 못이 고여 있다. 움푹 꺼져 들어가기를 천길이나 되며 물이 독에 있는 것 같아서 엎드려 보면 무서워서 몸이 떨리고, 검푸르게 깊은 것이 잴 수 없으며 땅 구멍에 통할 것만 같다. 얼음이 수면을 덮었는데 열린 곳은 겨우 4분의 1이며 빛은 푸른 유리와 같고, 석문(石紋)이 영롱하여 사면의 그림자가 비치며 얼음이 엷어서 거울 같다."

천지 물은 북백두 철벽봉과 용문봉 사이로 빠져 나가 승사하를 흐르다 비룡폭포에서 쏟아져 내려 이도백하를 흘러 송화강(松花江)을 이룬다. 압록강과 두만강은 천지에서 직접 발원하지는 않고 천지와 지하수로 이어져 백두산 기슭에서 용출하여 시작된다.

1930년 8월 30일~9월 3일 조선일보에 실린 안재홍의 『백두산등척기』에서는 백두산 천지의 미묘한 아름다움을 이렇게 섬세하게 표현하고 있다,

> "천지의 물이 그야말로 천지석벽 깊고 깊은 속에 고요히 담겨 파면의 깨끗함이 거울같이 고운데 창고(蒼古)하고 유흑한 외륜산의 천인단애가 화구의 본색대로 사위에 치솟아서 신비 영이한 기색이 저절로 초속적인 신운을 나부끼게 하며 단애에 곧바로 쏘는 태양이 찬란 영롱하게 수면으로 광선을 내려놓아 빠른 바람에 주름져 퍼지는 물결이 가볍게 밀릴수록 천변만화의 색태를 드러내어 장엄 또 수아함이 형용할 수 없다."

[그림 4-5]
10월의 어느날 북백두에서 본 천지
(실제 지형보다 세로 방향으로 약 2배 정도 과장해서 나타냄)

백두산은 하루에도 수십 차례나 기상이 급변하기 때문에 맑은 천지의 경관을 구경할 수 있는 확률은 높지 않다. 현지인들의 말에 의하면 3대가 덕을 쌓아야 하며, 확률은 10% 내외로 알려져 있다. 더구나 천지를 둘러싼 백두산 연봉들의 모습을 볼 수 있는 기회는 아주 제한적이어서 하늘이 허락해야만 천지의 속살을 볼 수 있다고 한다. 현실이 이럴진대 저자는 지난 15년간 10여 차례 백두산을 등정한 바, 단 한 번도 맑은 천지를 보지 못한 적이 없으니 대단한 행운이라고 하겠다.

[그림 4-6]
변화무쌍한 백두산의
기상

[그림 4-7]
천지 주변의 이색적인
고산 풍경

## 2. 천지 물은 어디에서 와서 어디로 가는가

천지 물의 기원은 수면으로 직접 떨어지는 빗물과 눈 등 강수량 약 30%, 천지 호수 밑에서 솟아오르는 지하수 약 60%, 천주 주변 능선과 내측 사면을 따라 흐르는 지표수 유입 약 10% 이내이다.

나가는 물은 천지수면에서 증발되는 물 약 10%, 승사하를 통해 흘러내려가는 물 약 90% 이상으로 추정된다. 승사하를 통해 흘러내려간 물은 비룡폭포를 이루며, 이도백하의 하얀 물줄기로 흐르다가 송화강을 이루어 중국과 러시아 방향으로 흐른다.

압록강과 두만강은 천지에서 직접 흘러나가지는 않으나 아마도 천지와 연결되었을 지하수를 이루다 백두산 중턱에서 샘물을 이루어 강이 시작된다.

## 3. 천지엔 용왕이 산다, 괴물도 산다

천지 깊은 물 속에는 용왕이 사는 궁궐이 있고 그래서 예부터 용왕담이라고 부른다. 또한 언제부턴가 천지에 괴물이 산다는 이야기가 떠돌고 있다. 세계적으로 특별한 호수나 바다 또는 강에는 항상 괴물이야기가 얽혀 있다. 예를 들면, 크라켄, 레비아탄, 인어(세이렌도 인어로 볼 수 있다) 등 다양한 형태로 전해온다. 호수 괴물로는 영국 네스호의 괴물 네시 이야기가 대표적이다. 이렇게 물에서 산다고 알려진 미확인 수중생물을 USA(unidentified sea animals)라고 한다. 천지에서도 괴물이 산다는 이야기가 입에서 입으로 떠돌았고, 심지어 직접 괴물을 보았다는 사람들도 제법 많이 있다. 그들은 천지 괴물의 모습을 그럴듯하게 설명하기도 한다. 그래서인지 백두산과 천지의 신령한 모습이 더 신비롭게 느껴진다. 아마도 북한이나 중국에서 관광객을 유치하기 위하여 지어낸 말이겠지만 제법 그럴듯하게 들린다. 관광객을 끌기 위한 아이디어가 작은 즐거움을 주고 있다.

천지는 1903년도에도 화산폭발 기록이 있고 천지와 직접 연결된 이도백하(송화강) 조차도 낙차 68m에 이르는 비룡폭포가 있어 유입이 하류의 물고기가 천지로 유입되기 어렵기 때문에 생물이 살기에는 불가능한 조건이다. 또한 수온이 낮고 상당기간 얼어있는 상태로서 심지어 지하수에 온천까지 나오기 때문에 미생물의 번식이 어렵고 어류와 같은 수서생물이 살기에 거의 불가능한 조건을 갖추고 있다. 더구나 최근까지도 화산활동이 있었기 때문에 괴물이 살고 있다 해도 현재는 살아남기 어려울 것이다.

이와 관련하여 안재홍의 『백두산 등척기』에서는 이렇게 말하고 있다.

> "개미처럼 감실감실 달문의 곁으로 돌아가는 … 조류(藻類)는 원래 없고 어개(魚介)도 전혀 없는 듯, 오직 조그만 갑충(甲蟲)의 유가 물살피(水際)에서 양서(兩棲)하고 있는 모양이다.
> 유황질이 많은 화구호이므로 생물의 서식은 어려울 것 같다. 고개를 들매 오직 한 쌍의 후리새가 호상을 휙 돌아서 어디로인지 멀리 떠 달아날 뿐이다."

그런데 1908년 출간된 『장백산지략(長白山誌略)』, 1928년에 출간된 『무송사지(茂松思誌)』, 1990년의 『안도사지(安圖思誌)』 등에는 천지의 괴물 목격담이 기록되어 있다. 그 외에도 직접 본 사람들의 목격담이 심심찮게 나타난다.

그들의 말을 보면 천지의 괴물은, 몸체는 흑갈색이고 머리는 개와 비슷하다, 크기는 소와 비슷하다, 머리는 사람 머리만하고 눈은 밤알만 하다, 길이는 2m 내외이고 머리는 표범머리와 비슷하다, 주둥이가 앞으로 나왔다, 등등의 이야기들이 전해진다. 목격한 시기로는 6~9월 중순인데 8월 중순이 가장 많이 나타나고 있다.

[그림 4-8]
천지에 산다는 괴물 모형. 오른쪽은 10여년 전 설치했던 1세대 괴물.

저자는 10여 차례 이상 백두산에 올라 단 한 번도 예외 없이 맑은 천지를 만났지만 아쉽게도 아직 괴물은 만나지 못했다. 저자와 같은 사람들의 아쉬움을 달래기 위해 고맙게도 천지 물가에 한 마리 잡아다 놓았다.

그런데 중국과 북한 학자들은 천지괴물이 일종의 산천어들의 군집일 것이라고 보고 있다. 오래 전 북한에서 인공방사한 산천어, 붕어, 버들치, 종개 등의 후예 중에서 원래 유수생태계에 살던 산천어가 천지의 고립된 생태계에 적응되면서 화산호에서도 적응하여 정수형 산천어로 분화되었다는 것이다. 북한에서는 이를 '천지산천어'라고 부른다.

연변대 류충걸 교수팀의 조사에 의하면(김희정 등, 2002), 1950~70년대에는 천지에서 물고기를 발견하지 못했으나, 90년대에 이르러 산천어를 발견하였고, 낚시도 가능하며 죽은 물고기도 건져 올릴 수 있었다고 한다. 이 무렵 북한에서 산천어를 천지에 인공방사한 것으로 추측하고 있다.

참고로 1960년 이후 북한 과학원에서 물고기 방사를 통해 천지에서 물고기가 살 수 있는지에 대한 실험을 했다고 한다. 1960.7.30. 붕어와 산천어 5마리, 1984.6.14. 산천어 100마리, 1989.9.10. 참붕어 120마리, 1991.7.16. 버들치와 종개 216마리 등을 방사하였다(김희정 등, 2002).

## 4. 신음하는 천지

가장 먼저 그리고 오랫동안 탐방로로 개방되었던 북백두는 연 탐방객이 100만명을 넘어 설 정도로 많은 탐방객이 집중된다. 그러다 보니 천지 주변 기후로 인해 초본류 및 지의류 등이 우점하고 있으나 빗물과 거센 바람, 풍화작용 및 탐방객 발길에 밟혀 식생이 소멸되었으며, 더구나 저자가 직접 측정해 본 바에 의하면 토양 기반도 평균 20cm 이상 침식되어 거의 폐허화되고 있다.

그 외에도 탐방객을 위한 화장실과 매점, 관리용 텐트와 간이 판매대 등 수질이나 생태계에 영향을 끼치는 시설물과 행위가 빈번히 일어나고 있다.

[그림 4-9]
신음하는 천지.
천지는 수많은 발길과 비바람과 각종 쓰레기로 신음하고, 천지 주변 토지는 관광객의 답압과 비바람에 의한 침식 및 풍화로 급격히 훼손.

[그림 4-10]
등산객과 탐방객을 위한 관리 및 편의시설이 천지 훼손을 가속화

또한 천지 수면을 가로지르거나 봉우리들을 등반하는 행위들로 인해 미처 회복될 틈도 없이 지속적으로 훼손이 가속화되고 있는 현실이다.

이렇게 훼손된 고산생태계는 낮은 기온과 심한 바람, 유기물과 영양물질이 없는 척박한 토양기반, 불규칙하게 변화하는 날씨 등의 여러 원인들이 겹쳐 인위적으로 또는 단기간 내의 회복이 거의 불가능하게 된다.

그러므로 천지 주변의 토양과 식생 그리고 생태계를 회복하기 위해서는 이들에 대한 종합적인 검토가 선행되어야 할 것이다.

[그림 4-11]
천지주변 훼손된 지형과 식생

## 5. 천지의 여러 모습들

천지는 변화무쌍한 얼굴은 때로는 성난 호랑이와도 같이 우렁찬 목소리로 외치기도 하고, 때로는 햇빛 가득한 환한 미소를 머금은 부드러운 얼굴로 맞이하기도 한다. 흰구름으로 덮인 봉우리와 은빛으로 반사되는 수면의 잔 물결 또한 천지의 아름다움에 신비감을 더해준다.

[그림 4-12]
남백두에서 바라 본 천지.
건너편 V자형 계곡이 북백두 승사하(달문).
왼쪽이 용문봉, 오른쪽이 철벽봉과 천문봉.

[그림 4-13]
남백두 천지 휘호석

[그림 4-14]
장군봉에서 본 천지.
건너편 계곡이 승사하,
앞의 봉우리는 비루봉.

[그림 4-15]
장군봉에서 바라 본 구름
속으로 비치는 천지

[그림 4-16]
동백두 망천후 계단에서
바라 본 천지

[그림 4-17]
동백두 천지에서 태권도 시범을 보이는 외국인 탐방객들
(koreakonsult.com)

[그림 4-18]
북백두 천문봉 정상에서 본 천지. 오른쪽 위는 천문봉 정상의 천지 휘호. 천지 건너편으로 망천후, 장군봉, 비루봉 그리고 망천후에서 천지에 이르는 층계가 뚜렷이 보인다.

# [2] 왕지/소천지/녹연담/삼지연

## 1. 청나라의 성지-왕지

백두산에는 천지 외에도 크고 작은 호수들이 분포하며 온갖 전설을 간직하고 있다. 중국 쪽 서백두 왕지, 북백두 소천지(은환호), 북한(동백두)의 삼지연 등이 대표적이다.

왕지(王池)는 서백두에 위치하며 나무꾼과 선녀의 전설을 담고 있는 신비의 호수이다.

[그림 4-19]
서백두 전설을 간직한 왕지 전경 및 왕지 주변의 야생화 군락 사이로 진입 데크

[그림 4-20]
서백두 왕지

[그림 4-21]
왕지 가는 길. 야생화가 반긴다.

검푸른 분비나무와 연초록색 사스레나무 숲 사이로 펼쳐진 야생화단지에 놓인 데크를 따라 형형색색의 야생화를 헤치고 나가면 숲속 한 가운데 왕지가 자리잡고 있다. 야생화단지에는 분홍바늘꽃, 도깨비엉겅퀴, 왜우산풀, 민박쥐나물, 냉초, 각시취, 큰산좁쌀풀, 대극, 자주꽃방망이, 만삼, 꽃쥐손이 들이 아름다움을 한껏 자랑하고 있다.

[그림 4-22]
왕지 전경
(자료 : Ài guìshēng, 2009)

왕지에는 몇 가지 전설이 전해온다.

가장 널리 알려진 이야기로 청나라를 세운 만주족(여진족)의 누루하치의 탄생 설화가 얽혀 있다. 선녀가 물놀이하러 내려왔다가 하계의 남자를 만나 낳은 남자아이가 훗날 청나라를 건국한 누르하치라는 이야기로부터, 하늘을 날던 새가 왕지에서 목욕하는 선녀의 아름다움에 넋을 잃고 탄성을 지르다 입에 물고 있던 사과를 떨어뜨렸는데 그 사과를 먹은 선녀가 임신을 하여 낳은 아이가 누루하치라는 이야기도 있다. 누루하치와 관련된 또 다른 이야기로는 누루하치가 전쟁에서 부상을 입고 피신하였을 때 이 연못의 물을 사용하여 상처를 치료하고 완쾌하였다고 하여 왕지라는 이름이 생겼다는 전설도 있다.

[그림 4-23]
왕지는 왕지화원이라는 야생화원을 지나 비로소 도달한다

또 다른 이야기로는 '한자'와 '금용'에 얽힌 이야기이다(출처 : 문화콘텐츠닷컴).

> 옛날에 백두산 아래 기슭에 '한자'라고 불리는 총각이 있어 백두산 깊은 골짜기에서 보물을 캐며 살아가다가, 하루는 너무 허기지고 지쳐 숲속에서 잠이 들었다. 비몽사몽 중에 말이 네 개 있고 몸체는 금빛으로 빛나는 비늘로 덮인 금용이 나타나 그에게 정중하게 절을 하고는 사라졌다. 꿈에서 깨어 용이 사라진 방향으로 기어가듯 길을 떠난지 한참이 지나 꿈속에 나타났던 금용이 구름을 타고 날아와 땅에 큰 호수가 생겼다. 용은 그를 태우고는 호수를 건너 어디론가 날아갔고, 훗날 '한자'는 황제로 즉위하여 문무대신을 거느리고 백두산에서 산신제를 지내었다. 그리고는 금용이 자기 목숨을 구해줬던 그 못을 찾아 다시 길을 떠나 헤매던 중 마침내 호수를 찾아 용을 기리는 제를 지냈고, 호수는 '왕지'라는 이름으로 부르게 되었다.

왕지 물가의 비교적 작은 키의 사스레나무는 가지가 물가에 닿을 정도로 늘어지고 그 주변으로는 사스레나무와 분비나무, 단풍나무 등이 키재기 하듯 자리잡고 있다.

## 2. 쌍둥이 화산호, 은환호(소천지)

"천지 물은 들어오는 곳이 없이 나가는 곳만 있고
소천지 물은 나가는 곳 없이 들어오는 곳만 있다"

북백두 천지에서 약 4km 정도 거리 숲속에 원형의 화구호가 조용히 감춰져 있다. 북백두에 오르는 탐방로 옆으로 이도백하 건너 자작나무 숲속으로 두 개의 화산호 동호와 서호가 150m 정도 거리에서 작은 물줄기로 연결된 채 서로 마주보고 있다.

자작나무와 사스레나무숲 속에 숨어 있어 자칫 지나치기 쉬운 곳으로서, 위에서 내려다보면 마치 한 쌍의 은가락지로 보인다 하여 은환호(銀環湖)라고 불리며, 서로 마주보고 있다고 해서 대환호(対環湖)라고도 불린다. 동호와 서호는 마치 한 쌍의 금은 술잔처럼 보인다.

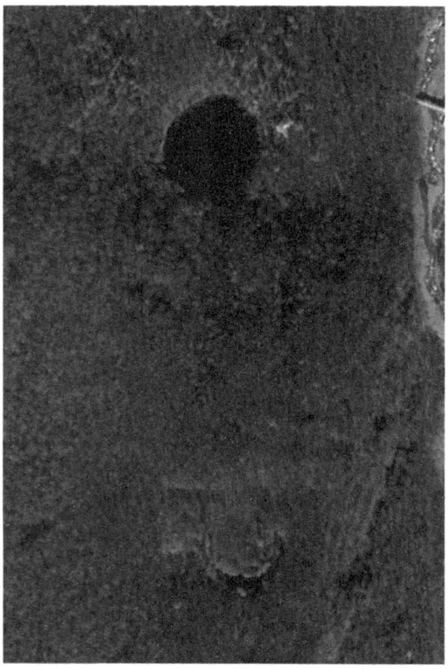

[그림 4-24]
한 쌍의 화산호,
은환호(동호, 서호)

한 쌍 중 동호는 소천지(小天池) 또는 장백호라고 불리는데 천지에 비해 면적이 매우 작고 둘레 약 260m, 면적 약 5,380m$^2$, 깊이 10~20m 내외의 작은 호수이다. 소천지 즉 동호는 항상 물이 가득 차 있고, 물이 반사되어 은빛으로 빛난다.

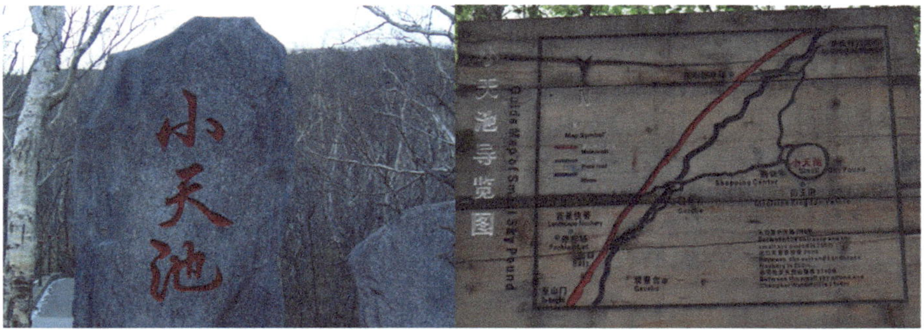


[그림 4-25]
소천지 휘호 및 안내문

소천지(동호)에서 서쪽으로 작은 물줄기를 따라 150m 정도 떨어져 숲속에 숨어 있는 서호는 둘레 약 220m 내외의 작은 호수로서, 붉은빛을 띤 노란 황톳빛 흙이 금빛으로 빛난다 하여 적지라고 불린다. 수심이 얕아 자주 마르고 동쪽으로만 물이 있고 서쪽은 저습지로 되어 있다.

[그림 4-26]
소천지 전경
(자료 : Ài guìshēng, 2009)

[그림 4-27]
은환호 휘호

## 백두산 소천지의 유래

백두산의 한 초가집에서 유복자가 태어났으니 그의 이름은 복수다. 복수가 열 살이 되던 해 어머니는 복수에게 아버지가 돌아가신 유언을 말해준다. 백두산에 갑자기 나타난 흉악한 용과 싸우시다 돌아가신 아버지의 원수를 꼭 갚아달라는 내용이다.

[그림 4-28]
소천지 및 주변 전경

복수는 원수를 갚기 위해 유언대로 심산에 올라가 도술과 무예를 닦는다. 9년을 노력한 끝에 장정에 되어 어머니를 찾아간다. 어머니에게 그동안 닦은 실력을 보여드린 후 원수를 찾아 백두산 봉우리로 올라간다. 갑자기 하늘이 흐리며 우박이 쏟아지고 먹장구름 속에 용 한 마리가 보인다. 복수는 뛰어 올라 용과 결투를 벌인다. 아슬아슬한 찰나에 복수는 용의 목덜미를 거머쥐고 절벽 밑으로 던져버린다. 복수는 용이 천년만년 시달림을 받으라고 바위를 쑥 뽑아 바위 밑에 깔아 놓는다. 복수는 바위를 뽑아낸 자리에 물을 채우는데 이것이 오늘의 소천지이다.

신기하게도 소천지에는 들어오는 물줄기만 있고 나가는 물줄기가 없는데 이는 바위 밑에 깔린 용이 물을 마시기 때문이라는 전설이 전해온다.

소천지 물가 약왕곡은 아마도 백두산의 신비한 약초와 신령한 기운을 담아 이곳에서 정성껏 기도하면 모든 병이 낫는다는 의미리라. …

[그림 4-29]
약왕곡

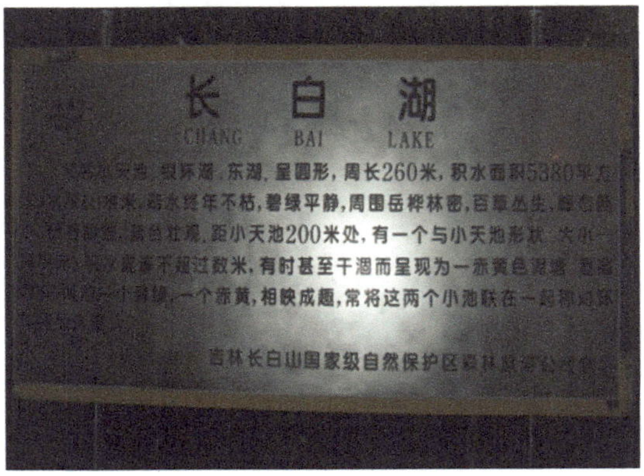


[그림 4-30]
소천지는 장백호라고도 불림

[그림 4-31]
소천지 유래비

## 3. 녹연담

녹연담(綠淵潭 : Green Deep Pond)은 비취빛으로 빛나는 신비의 작은 연못으로서 소천지에서 약 200m 정도 거리에 위치하고 있다. 물안개로 덮인 호수가 푸르른 녹음과 고색창연한 바위와 자작나무 숲과 어우러져 동화의 세계를 연출하는 풍경이 마치 구채하와 닮았다고 하여 '동북 구채'라는 별명으로 불린다. 4개의 폭포가 바위 위로 물줄기를 떨어뜨려 물안개와 물방울들을 흩트리며 호수를 아담하게 감싸고 있다. 가장 높은 폭포가 약 26m 내외에 이른다.

[그림 4-32]
녹연담 전경
(자료 : Ài guìshēng, 2009)

[그림 4-33]
녹연담의 폭포

녹연담 호수 옆으로 수령 500년으로 추정되는 고목의 밑둥이 마치 앞으로 500년을 더 살고 싶다는 듯 속삭이며 자리잡고 있다.

고목은 이렇게 말한다.

> "매 순간 열심히 살고, 매일 매일을 나의 것으로 만들고, 주위의 사람들을 소중히 여기며, 인생을 즐기라 ... 인생이 사라지면 슬퍼하지 않으며, 시간과 삶과 사랑은 결코 다시는 오지 않을 것이다."

라고 ...

[그림 4-34]
500년을 다시 생각하며

연못에는 산천어를 비롯한 물고기들이 형형색색으로 빛나고 여유롭게 물 속을 헤엄쳐 다니고 있다.

[그림 4-35]
하늘에서 바라 본 녹연담 전경
(자료 : http://www.mainlandtour.com/JiLin/)

## 4. 삼지연

[그림 4-36]
삼지연 전경

삼지연(三池淵)은 북한 양강도 삼지연군에 위치한다. 약 100만 년전에 뿜어나온 화산분출물과 백두산에서 나온 부석이 북쪽으로 흐르는 강물을 막아 생긴 자연호로 알려져 있다. 원래는 7곳의 호수가 있었으나 3곳은 자연적으로 육화되었고 다른 1곳도 육화가 진행되고 있어 3곳만 호수로 유지되고 있다. 가장 큰 호수에는 폭 100m 정도의 작은 섬이 있다.

[그림 4-37]
위성영상으로 본 삼지연. 여러 호수의 흔적이 보임.(google 영상)

3개의 못이 모여 있어서 삼지연이라 부르며, 삼지연군이라는 이름도 삼지연에서 유래되었다. 18~19세기에 편찬된 조선시대의 무산읍지 등 각종 지리지에도 삼지 또는 삼지연이라는 이름으로 3개의 호수가 나타나고 있다.

삼지연은 물이 흘러드는 하천도 없고 물이 흘러나가지도 않는 호수로서, 오직 비와 눈과 같은 강수와 지하수에 의해서 유지된다. 백두산 화산대의 영향으로 온천이 솟아나기 때문에 평균 수온은 20~23°C에 이른다.

1980년 1월, 북한 천연기념물 제347호로 지정되었고, 못 가에는 김일성이 기념사진을 찍었다고 알려진 자작나무와, 김일성 동상, 항일유격대원의 모습, 주민들의 모습 등이 새겨진 조각들이 세워져 있다.

[그림 4-38]
삼지연 백두관(박물관)

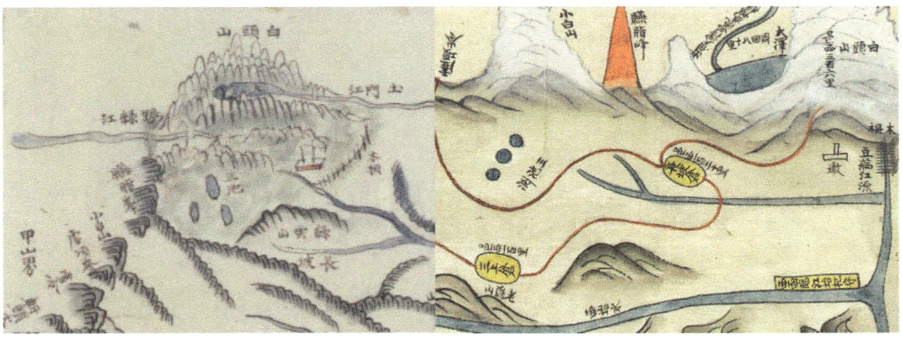

[그림 4-39]
삼지연이 표기된 고지도.
해동지도 무산부(왼쪽),
관북읍지 무산부(오른쪽)

# [3] 비룡폭포 / 금강폭포 / 악화쌍폭 / 사기문폭포 / 그리고...

## 1. 비룡(장백)폭포

웬 이가 흰 비단필을 / 노을에 걸었느뇨?
멀리 보니 용 두 마리 / 천길 벼랑 내리는 듯
다가서니 우레 터져 / 산천을 진동하네,
천만 구슬 흩어져 / 인간에 뿌리우도다.

옛 사람들은 이를 빗대어 이렇게 시를 읊었다(김희정 등, 2002).

[그림 4-40]
북백두 비룡폭포 원경.
위 : 비룡폭포의 웅장한 자태와 폭포 옆을 지나는 터널형 층계.
아래 : 10월의 어느 날에 백두산은 눈으로 덮였고 비룡폭포는 얼어붙었다.

백두산은 사시사철 물이 마르지 않을 정도로 풍부하여 북백두 천지 가는 입구에 위치한 비룡폭포(飛龍瀑布)를 비롯하여 수많은 폭포들이 분포한다. 비룡폭포를 중국에서는 장백폭포라 부른다. 비룡폭포 외에도 금강폭포, 제자하폭포, 악화쌍폭, 동천폭포 등이 있으며 북한쪽에도 삼지연폭포, 이명수폭포 등이 있다.

북백두 탐방로에서 비룡폭포에 접근하면 작은 언덕에서 비룡폭포 원경을 한눈에 바라볼 수 있다. 이를 망폭파(望瀑坡)라 부른다. 망폭파에서 보는 비룡폭포는 마치 하늘에서 내려뜨린 비단결같아 보인다.

비룡폭포는 천지의 물이 직접 떨어지는 유일한 폭포로서 폭포의 물줄기가 마치 용이 하늘을 날아오르는 것처럼 보인다고 해서 비룡폭포라고 부른다. 또한 물살이 빨라 멀리서 보면 마치 하늘을 오르는 다리를 연상하게 되어 폭포에서 천지에 이르는 하천 구간을 승사하라고 부르며, 하늘과 연결된다는 의미에서 통천하라고도 부른다.

비룡폭포는 낙차 약 68m에 이르며 폭포 아래쪽으로는 폭포수의 침식작용으로 깊이 20m로 움푹 파인 호박모양의 연못이 형성되어 있다. 폭포수에서 흩어지는 물안개가 맑은 날 햇빛을 받아 칠색으로 영롱한 무지개가 사람들을 반긴다.

## 2. 금강폭포

[그림 4-41]
서백두 금강폭포

서백두의 야생을 간직한 가파른 원시림 계곡과 깊은 계곡에 숨어 있다. 관면봉 남쪽 산줄기에 50m급 및 20m급의 2단 폭포로 구성된다.

높이 74m에 이르는 금강폭포에서 흐르는 물은 백두산대협곡(금강대협곡)으로 이어지고 압록강지류를 이루는데, 금강대협곡은 천지의 화산이 분출하여 용암이 휩쓸고 지나간 협곡이 수많은 세월을 따라 풍화작용에 의해 깊은 협곡을 이룬다.

### 3. 악화쌍폭

악화쌍폭(岳桦双瀑: yuehua waterfall)은 남백두의 사스레나무 숲(악화는 사스레나무를 의미)에 있는 2단으로 이루어진 형제 폭포이다. 높이 20여m에 이르는 작은 절벽을 이루며 비단같이 떨어진다.

[그림 4-42]
남백두 악화쌍폭

### 4. 사기문폭포 / 백두폭포

#### 사기문폭포

사기문폭포는 북한 동백두 천지에서 장군봉 아래 부석층 밑으로 숨어 흐르던 물이 바위 벼랑 중턱에서 눈이 섞여 마치 은구슬 같이 계단을 지어 떨어진다. 한겨울에도 얼지 않고 수증기를 뿜어 폭포 주변 나무들이 하얀 서리꽃을 피운다. 높이 6.7m의 1단폭포, 높이 4m의 2단폭포 및 높이 7.2m의 3단폭포 등 전체 높이는 18m이고, 평균 너비는 4m에 이른다. 폭포 아래에는 둘레 약 11m 정도에 이르는 작은 연못이 폭포수를 머금다가 흘려보낸다.

[그림 4-43]
사기문폭포 및 휘호

### 백두폭포

동백두 압록강 상류 첫 번째 폭포이며 백두산에서 가장 높은 해발고도 2,200m 절벽에 위치하며 높이는 약 20m에 이른다.

[그림 4-44]
백두폭포

## 5. 리명수폭포

리명수폭포는 압록강 상류 리명수 마을에 위치하며 낮은 산허리를 뚫고 폭포수가 흘러나오는 독특한 구조를 지닌다. 리명수폭포는 북한의 국가지정천연기념물 제345호로 지정되었다.

리명수 마을은 압록강 상류로서 백두산에서 벌채한 아름드리 나무를 엮어 만든 소위 '압록강 뗏목'이 출발하는 마을이며 리명수폭포가 쏟아져 이룬 저수지를 물똥이라고 부른다. 폭포가 쏟아지는 언덕 위에는 수정각이라는 이름의 정자가 자리잡고 있다.

[그림 4-45]
리명수폭포 및 안내문

[그림 4-46]
리명수폭포 전경

## 6. 옥벽폭포(옥계폭포)

한여름에도 눈이 잘 녹지 않는 만년설이 녹아 얼음보다도 차가운 물이 흐른다는 옥벽폭포는 용문봉 아래 소천지에서 멀지 않은 곳에서 비룡폭포를 멀리 조망할 수 있는 옥벽전망대 부근에 위치한다. 상류의 물은 지하에서 흘러 보이지 않으나 폭포 부근에서 지면에 분출되면서 폭포가 형성되며 높이 약 20m에 이른다. 옥벽폭포 아래는 한여름에도 눈이 잘 녹지 않고 빙하가 넓게 자리 잡고 있다.

[그림 4-47]
옥벽폭포

# 백두산을 흐르는 하천과 협곡과 계곡들

백두산에서 발원하는 강으로는 압록강, 두만강, 송화강, 토문강 등이 있다. 이 중에서 천지에서 직접 흘러가는 강은 송화강이 유일하며 압록강과 두만강은 천지 물이 지하로 흘러 백두산 깊은 산 속 계곡에서 작은 옹달샘을 이루어 각각 시작된다.

어떤 자료에는 토문강이 곧 송화강의 원류인 이도백하로 표기된 지도도 있으며 이는 조선과 청나라의 국경이 어떻게 이루어졌느냐와도 관련이 된다.

또한 백두산에는 화산활동으로 인한 용암층의 퇴적과 침식작용으로 인해 크고 작은 협곡이 다양하게 발달해 있다. 그 중에서 대표적인 협곡은 서백두의 백두산 대협곡(금강대협곡), 남백두의 압록강대협곡 등이다.

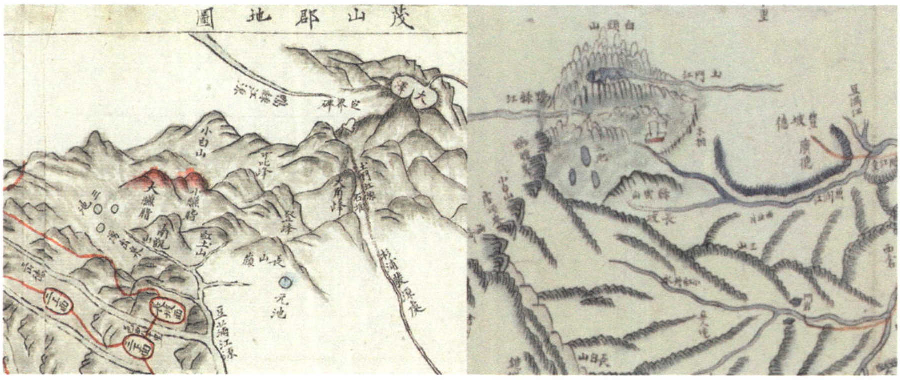


[그림 5-1]
백두산 정계비와 토문강을 표기한 무산군 지도
(자료 : 서울대 규장각)
왼쪽 : 무산군읍지(1899년), 토문강과 두만강, 이도백하를 각각 다르게 표기.
오른쪽 : 해동지도 무산부(1870년경). 이도백하를 토문강으로 표기.

## [1] 압록강과 두만강이 시작되고...

### 1. 압록강

한반도에서 가장 긴 압록강은 우리나라에서는 720km라고 기록하고 있는데 북한측 자료에는 길이 790.4km, 유역넓이 약 6만 2600km$^2$로 기록하고 있다. 북한에서 발간되는 『조선』이라는 화보에 의하면 압록강의 발원지는 백두산 장군봉 남서쪽 수백 m 아래에 있는 '부석돌짬'이라고 불리는 작은 옹달샘이다. 북한지역에만 허천강, 장진강, 자성강, 장자강 등 900여개의 크고 작은 지류들을 가지고 있으며, 발원지인 백두산일대의 지형적 조건으로 인해 강폭이 좁고 물살이 거세 사기문폭포, 백두폭포, 형제폭포 등 여러 개의 폭포가 형성되어 있다.

'압록'이란 말은 '물빛이 맑고 푸르기를 오리의 청록빛 머리' 같다는 뜻이며, 만주족 언어로는 '땅의 변두리'라는 의미도 포함하고 있다.

## 2. 두만강

두만강 길이는 우리나라에서는 520km로 소개하고 있으며, 북한측 자료에는 548km로 기록하고 있다. 유역면적은 3만 2620km$^2$(북한측 유역 1만 5129km$^2$)이며 북한쪽 지류는 대홍단수, 소홍단수, 연면수, 성천수, 서두수, 오룡천 등 280여개 지류가 파악되고 있다.

두만강은 무두봉 기슭에서 발원한다고 알려져 있는데, 백두폭포에서 북쪽으로 44km를 지하로 흘러 원지(圆池 : 옥녀늪)에서 모습을 드러내어 중국측 두만강 발원지를 이룬다.

## 3. 이도백하 / 송화강

천지에서 승사하을 통해 흘러나온 물은 통천하를 거쳐 비룡폭포로 이어진다. 비룡폭포에서 떨어진 물은 마치 흰색 비단을 늘어놓은 듯 하얀 물줄기로 빛나는 이도백화를 이룬다.

비룡폭포 아래 20m 깊이의 비룡담 연못으로부터 이도백하가 시작되어 삼도백하, 사도백하, 오도백하를 품으며 송화강을 이루어 북으로 흐른다. 송화강은 만주어에서 '천하(天河)'라는 뜻이다.

송화강은 만주벌판 한복판을 가로지르며 길림과 송원을 거쳐 북으로 흐르다가 내몽골로부터 흘러온 넨강과 합류하여 방향을 바꾸어 동쪽으로 향한다. 동으로 달리던 송화강은 하얼빈을 지나 흑룡강성 한복판을 흐르다가 마침내 우랄산맥에서 출발하여 시베리아 타이가숲을 헤쳐 중국-러시아 국경을 이루며 달려온 아무르강(흑룡강)으로 흘러 들어간다.

송화강을 품은 아무르강(흑룡강)은 북동쪽으로 중국-러시아 국경을 가르며 흘러 하바로브스크에서 또다른 한줄기 우수리강을 품고는 극동아시아 연해주 한복판을 북동으로 가로지르며 북태평양 오츠크해로 흘러들어간다.

[그림 5-2]
백두산 천지는 이도백하, 송화강, 아무르강을 이룸.
(출처 : 브리태니커 백과사전)

우수리강은 동북아 최대의 호수이며 중국-러시아 국경을 이루는 한카호(싱카이호, 興凱湖)에서 시작되며 중국-러시아 국경을 이루며 북으로 흐른다. 하바로브스크에서 아무르강(흑룡강)에 합류한다.

[그림 5-3]
은색으로 빛나는 이도백하.
천지에서 승사하를 지나 비룡폭포로 떨어진 물은 이도백하를 거쳐 송화강의 원류를 이룸.

# [2] 계곡과 숲

## 1. 백두산대협곡(금강대협곡)

1백만년 전 천지의 화산이 분출하여 용암이 휩쓸고 간 협곡이 수많은 세월 속의 풍화작용으로 깊고 깊은 협곡을 이룬다. 화산 용암이 굳어진 표면에 화산재와 진흙이 강물과 빗물에 침식되어 거대한 신들의 정원을 만들어 내었다.

[그림 5-4]
서백두 백두산대협곡

[그림 5-5]
서백두 백두산대협곡 전경

서백두와 남백두의 사이 깊은 계곡에 숨어 있는 백두산대협곡은 1998년 산불을 끄러 나왔다가 우연히 발견되었다. 백두산대협곡은 금강대협곡으로 더 자주 불리는데, 금강폭포에서 흘러온 물이 세월 따라 흐르면서 만들어낸 천연의 절경으로서 미국의 그랜드캐년에 비유된다.

길이 70여 km, 너비 300m, 수직높이 160m이르는 장엄한 계곡으로서 오랜 풍화작용으로 기기묘묘한 바위들이 화산폭발 당시 원시 모습 그대로 멈춘 채 어우러졌고, 협곡 깊은 곳에는 압록강의 원류와 합류하는 북금강의 물줄기가 백두산의 수만 년 사연과 홍망성쇠의 역사를 간직한 채 급류를 이루며 도도하게 흘러간다.

가파른 V자 형상의 급경사를 이루는 협곡을 수직으로 솟아오르면서 깎아지른 듯한 절벽에는 기암괴석들이 마치 도열한 장군들인 양 거만하게 열 지어 서있다. 오직 신의 손길에 의해서만 가능한 이 웅장하고도 세계적으로도 보기 드문 협곡은 가히 미국의 그랜드캐년과 여러 협곡들과 비유할 수 있을 만한 별유천지의 이상향이라고 할 수 있겠다.

[그림 5-6]
서백두 백두산대협곡
입구와 안내도

탐방객들을 위한 목재 데크가 설치되어 있어 백두산대협곡의 웅장하고 미묘한 경관을 충분히 감상할 수 있다. 깊고 넓은 골짜기 곳곳에 기묘한 생김새의 바위들이 화산 폭발 직후 자세 그대로 멈춰 있다.

[그림 5-7]
서백두 백두산대협곡 전경

## 2. 압록강대협곡

백두산의 멋은 화산 활동과 지각 변동, 식생 천이로 인해 다양한 생태경관이 곳곳에 숨어있다는 것이다. 서백두의 백두산대협곡과 더불어 남백두에는 압록강 상류를 이루는 또 하나의 대협곡이 있다. 이름하여 압록강대협곡이다.

[그림 5-8]
북한 쪽에서 바라본 압록강대협곡
(koreakonsult.com)

압록강대협곡은 남백두에 위치하며 남북길이 10km, 너비 200m에 이르며, 깊이 170m에 이른다. 1천년 전 화산폭발에 의해 형성된 거대한 협곡으로서 빗물의 침식에 의해 아름다운 자연경관을 형성한다. 협곡 깊은 곳에는 압록강의 발원지로부터 흘러내려온 최상류 계곡이 형성되어 있다. 깊은 원시림 속에 숨어 있는 백두산대협곡과는 달리 압록강대협곡은 도로를 따라 길게 형성되어 있다.

[그림 5-9]
압록강대협곡 안내문

[그림 5-10]
압록강대협곡 전경

## 3. 지하숲(지하산림)

북백두 천지 진입부 야생에 숨어 있는 지하산림은 백두산 일대를 덮었던 빙하기가 후퇴하면서 얼음이 녹아내린 장소에 깊은 구멍이 생기고 그곳에 주변 침엽수림 중심의 식생이 침입하여 숲이 생성되었다.

[그림 5-11]
지하숲엔 풍화작용으로 형성된 기암괴석이 중요한 서식환경 제공

[그림 5-12]
북백두 지하숲 전경

[그림 5-13]
지하숲의 지피식물과 고사목으로 이루어지는 소생태계

골짜기 깊이 50~60m, 폭 25~300m, 남북방향 길이 2,500~3,000m에 이르는 계곡에는 끝없는 숲의 바다가 펼쳐진다. 낭떠러지에 매달린 여러 개의 큰 기암으로 둘러싸여 웅장한 모습을 드러내는 지하숲은 낮은 계곡에 울창한 숲이 펼쳐져 있다고 해서 '곡저임해'라고도 불린다.

지하숲에는 울창한 숲 사이로 습한 곳에 자생하는 이끼층과 고사리류 식물들이 우점하고 있으며, 고사되어 쓰러지는 나무 위로 이끼층이 생성되어 생태계를 이루고 다시 양분이 되어 자연스럽게 천이가 진행되면서 생태계가 유지되고 있다.

[그림 5-14]
지하숲의 기암괴석과 원시림

[그림 5-15]
북백두 지하숲 입구

## 동천폭포

지하숲에는 천지의 물이 비룡폭포를 거쳐 이도백하를 이루며 흘러내려와 마침내 지하숲에서 급류를 이루며 사시사철 흐르면서 지하의 또 다른 멋 동천폭포를 이룬다.

동천폭포는 지하숲 입구 부분에 숲을 가로질러 흐르며 낙차는 약 15m에 이른다.

[그림 5-16]
지하숲을 가로질러 흐르고 있는 동천폭포

## 백수동 / 호유견석

그 외에도 지하숲에는 길이 약 13m 내외의 석굴(백수동)과 절벽에 매달린 6개의 나무화석, 지하숲의 수호신이라 불리는 호유견석 등이 군데군데 자리잡고 있다.

호유견석은 지하숲 입구에 마치 커다란 개가 지하숲을 지키고 있는 형상을 하고 있으며, 청나라 시조의 목숨을 구한 사냥개의 전설이 전해 온다. 청나라 시조가 적에게 쫓겨 이곳 백두산에 이르렀으나 더 이상 피할 수 없어 계곡으로 뛰어 들어 혼수상태에 빠졌을 때 항상 수행하던 사냥개가 폭포까지 달려가 물을 한입 물고 와 주인 입에 넣기를 수없이 반복한 끝에 주인을 구해내었고 자신은 주인 곁에서 죽었다는 전설이 얽혀있다. 그때부터 오늘날까지도 만주족은 개고기를 먹지 않는다고 한다.

## 4. 제자하

백두산 제운봉에서 흘러나오는 제자하(梯子河)는 지각 변동으로 지면이 갈라지면서 형성된 사다리 형상 단면을 지닌 작은 협곡을 흐르는 지하강이다. 백두산 화산이 폭발할 때 용암이 분출해 오랜 세월의 지각 변동과 침식 작용에 의해 지면이 양쪽으로 갈라져 생긴 깊은 틈새 사이로 떨어지면 나오지 못할 만큼 좁게 파였고, 그 바위 사이 지하로 맑은 물이 흐르고 있다. 흐르는 물줄기 아래쪽이 넓어서 계단모양으로 생겼다.

[그림 5-17]
제자하 입구

제자하의 발원지는 제운봉 서쪽에 위치하고 있으며 크고 작은 여러 제자하들이 합류하여서 큰 제자하를 이룬다고 하여 '쌍제자하'라고 부른다. 제자하의 물이 깊숙이 스며 흐르기 때문에 지면 위에서는 굽이굽이 흐르는 작은 개울모양으로 폭 2m 정도 깊이 수십m에 이르기도 하며 강 옆은 가파른 계곡을 이루고 있다. 아래로 내려 보면 밑부분이 넓고 윗부분이 좁은 사다리 모양을 이루고 있다. 물살이 센 물줄기가 위에서 아래로 흘러내려서 마치 층층의 사다리 모양을 이루고 있다고 하여 제자하라 불린다. 계곡 일부는 식물에 덮여서 물소리는 들리나 물을 볼 수 없어 땅속의 강, 즉 '지하(地河)'라고 부르기도 한다.

제자하 하류에는 선인교라 불리는 돌다리가 있다. 돌다리 아래의 돌 둘은 파랗게 빛나고 다리 위 푸른 소나무, 구름 안개에 묻혀 있는 수림대와 그 속에서 우짖는 새들이 마치 한 폭의 아름다운 그림과도 같다.

[그림 5-18]
제자하 안내판 및 전경

# 백두산 동식물과 독특한 생태계

[1] 고산습지
[2] 생물다양성
[3] 백두산 야생동물
[4] 우리나라 식생대와 백두산 자생식물
[5] 고산화원과 야생화

## [1] 고산습지

남백두 정상을 향해 오르다보면 갑작스럽게 넓은 공간이 나타난다. 언뜻 보기에 평범한 초원처럼 보이는 이곳이 이탄과 물이끼 그리고 다른 곳에서 보기 힘든 식생으로 덮인 고산습지이다. 해발 1700m 고도에 위치한 백두산 고산습지는 소택형습지이고 이탄으로 덮인 이탄습지로서 식생발달로 볼 때 고층습원을 이루고 있다.

백두산에는 그 외에도 해발 800m 이상 고산에 이탄과 물이끼, 사초류들이 우점하고 있는 이탄습지가 다양하게 분포하고 있는 것으로 파악되고 있다. 주요 식생은 만주잎갈나무(황화낙엽송), 물이끼 등이다.

[그림 6-1]
백두산 고산습지 위치 및 전경

[그림 6-2]
백두산 고산습지 전경

# [2] 생물다양성

## 1. 생물다양성

생물다양성은 지구상에 살고 있는 모든 생물을 말한다. 1992년 리우에서 개최된 유엔환경개발정상회의(UNCED : United Nations Conference on Environment and Development)에서 생물 종 감소의 가속화로 종 다양성 보전에 대한 국제적 공감대가 형성되어 생물다양성협약(Convention on Biological Diversity : CBD)이 채택되었다. 생물다양성협약은 기후변화협약, 사막화방지협약과 더불어 리우 환경회의에서 체결된 3대 환경협약 중 하나로 평가되고 있다.

협약 이전에는 유전자원은 인류의 공동유산이라는 논리를 바탕으로 자원에 대한 무상접근과 무상이용을 통해 선진국의 막대한 이득을 추구하였다면, 협약 이후에는 유전자원은 인류의 공동관심사일 뿐 공동자산이 아닌 국가적 권리로 인정한 계기가 되었다. 그 결과 선진국의 유전자원 보존활동에 대한 의무를 강화하였으며, 생물다양성의 보전, 지속 이용과 발생한 이익의 공평한 공유를 목표로 하고 있다.

생물다양성은 유전자다양성, 종다양성, 생태계다양성 등으로 구분된다.

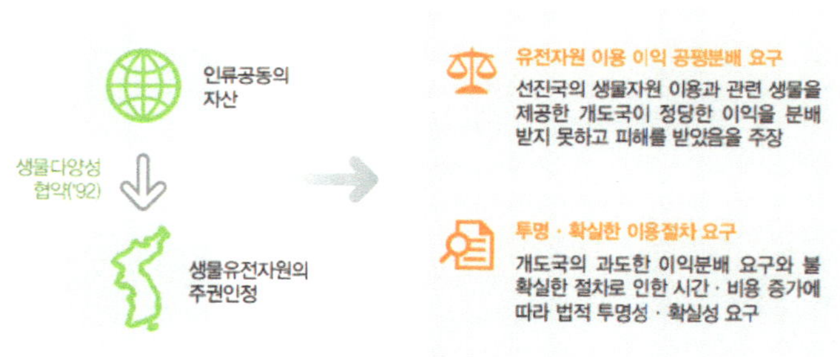


[그림 6-3] 생물다양성 협약의 의의 (자료 : 환경부, 국립생물자원관)

## 2. 멸종위기종 / 국제적 멸종위기종

앞에서도 간단히 설명한 것처럼 백두산은 국제적으로도 중요한 생태계로서 생물권보전지역을 비롯한 국제적 제도 및 북한과 중국의 국내 제도에 의해 다양한 보호지역으로 지정되어 있다. 그런데 백두산은 이렇게 중요한 생태계로서도 중요하지만 하나하나의 동식물 종 자체도 매우 중요한 의미를 지니고 있다.

백두산은 예부터 희귀한 동식물들이 살아 온 천혜의 서식지이다. 우리나라의 상징이며 우리 민족의 강인함을 백두산 호랑이에 담아 표현해왔고, 때로는 산신령으로 숭배하기도 하며 때로는 친구나 가족처럼 여기는 등 삶의 동반자 그 자체였다. 그런데 이렇게 우리 민족과 애환을 함께 해 왔던 동식물들이 언제부터인가 하나 둘 씩 사라져가기 시작하였고, 이제 그들을 앞으로도 계속 보기 위해서는 특별한 보호 노력이 필요한 실정이 되었다.

이렇게 사라져간 야생생물들을 지금이라도 지켜주기 위해 우리나라에서는 멸종위기야생생물, 천연기념물 등으로 지정하여 보호하고 있고, 국제적으로도 국제간 거래를 금지하거나 멸종 가능성에 따라 희귀식물에 대한 적색목록 등급을 설정하는 등 다양한 노력들이 진행되고 있다.

국내에서는 야생생물 중에서 자연적 또는 인위적 위협요인으로 개체수가 크게 줄어들어 멸종위기에 처해 있거나 위기에 가까운 야생생물을 멸종위기 야생생물로 정하고 있으며, 위급한 정도에 따라 1, 2급으로 구분하고 있다.

- **멸종위기 야생생물 Ⅰ급** : 자연적 또는 인위적 위협 요인으로 개체수가 크게 줄어들어 멸종위기에 처한 야생생물. 늑대, 대륙사슴, 반달가슴곰, 붉은박쥐, 사향노루, 산양, 수달, 스라소니, 여우, 표범, 호랑이 등
- **멸종위기 야생생물 Ⅱ급** : 자연적 또는 인위적 위협 요인으로 개체수가 크게 줄어들고 있어 현재의 위협요인이 제거되거나 완화되지 아니할 경우 가까운 장래에 멸종위기에 처할 우려가 있는 야생생물. 담비, 무산쇠족제비, 물개, 물범, 삵, 작은관코박쥐, 큰바다사자, 토끼박쥐, 하늘다람쥐 등

또한 「멸종위기에 처한 야생동식물종의 국제거래에 관한 협약(CITES)」(멸종위기종 국제거래 협약)에서는 멸종위기에 처해 있어 국제거래가 규제되는 종을 국제적 멸종위기종으로 정하고 있다.

[그림 6-4]
CITES 로고
(자료 : CITES)

## 3. 천연기념물

천연기념물은 동물(서식지, 번번식지, 도래지 포함), 식물(자생지 포함), 광물, 동굴, 지질 생물학적 생성물 및 자연현상으로서 역사적·경관적 또는 학술적 가치가 높은 것으로 정의한다. 국가적 또는 세계적으로 보존할 만한 가치가 있는 자연물을 대상으로 문화성, 원생성, 대표성, 희귀성, 향토성 등을 기준으로 지정한다.

지금의 독일에 해당되는 프로이센의 알렉산더 폰 훔볼트(Alexander von Humboldt, 1769~1859) 남작이 『신대륙의 열대지방 기행』에서 천연기념물이라는 용어를 처음 사용하였다. 그는 1799년부터 1804년까지 남미 적도 부근의 여러 나라를 여행하던 1800년 어느 날 베네수엘라 북부의 베아렌시아 호수 부근에서 자귀나무(Albizia)와 비슷한 잎을 가진 나무를 발견하였다. 수고 약 18m, 흉고 직경 9m, 수관 직경 약 59m, 수관 둘레 약 175m에 달하는 노거수(Zamang der Guayre)를 보면서 '무언가 위대하고 장엄함'을 느꼈다고 기록하고 있다. 천연기념물 지정은 18세기 초 유럽에서부터 시작되어 프로이센은 1803년 함부르크 부근의 산림을 매입하여 보존하였고, 프랑스는 1827년 천연기념물에 관한 법령을 제정하였으며, 영국은 1843년 최초로 많은 천연기념물을 지정하고 1882년 '고대 기념물 보호법'을 제정하였다. 프로이센의 콘벤츠(H. Conwentz)는 1904년 『위기에 처한 천연기념물과 그 보존을 위한 대책』을 저술하였고, 그 영향을 받아 독일, 덴마크, 네덜란드 등으로 확산되었다.

우리나라는 일제강점기 조선총독부가 1916년 〈고적 및 유물 보존 규칙〉을 제정한 이래 1933년 〈조선 보물 고적 명승 천연기념물 보존령〉이 제정·공포되었고, 1933년 〈천연기념물과 명승의 지정과 해제에 관한 시행령〉이 실시되었다. 1962년 〈문화재보호법〉이 제정되어 20여 차례 개정을 거쳐 현재에 이르렀다.

천연기념물은 자연의 역사와 가치라는 유산적 개념이 내포된 자연유산으로, 야생이나 양축의 희귀동물, 희귀 조류의 도래지 · 서식지, 희귀어류의 서식지, 노거수나 희귀식물 자생지, 희귀한 동 · 식물류, 광물·화석, 저명한 동굴이나 특이한 지형·지질 및 천연보호구역 등이 있다. 천연기념물은 특히 진귀성과 희귀성, 고유성과 특수성, 분포성과 역사성을 지닌 것이 특징으로, 이것은 오랜 역사 속에서 민족의 삶과 풍속, 관습, 사상, 신앙 및 문화 활동이 얽혀져 있는 인류의 문화유산의 일부로서 일반 동·식물 및 지형·지질·광물과는 그 성격을 달리 하고 학술적 가치가 크기 때문에 자연유산이면서 자연문화재로 보호되고 있다.

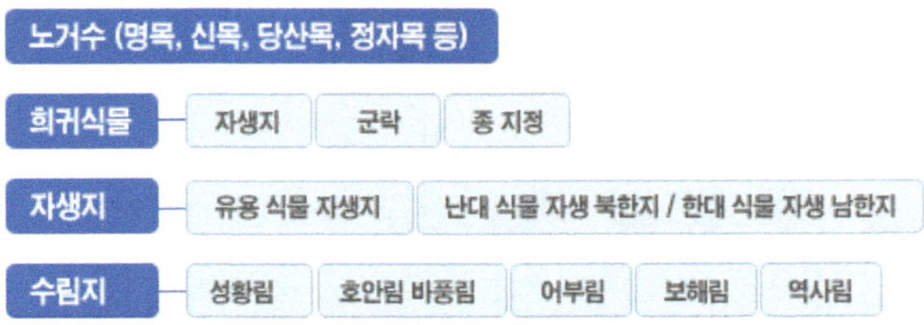


[그림 6-5]
식물 천연기념물 유형

## 4. IUCN 적색목록(Red List)

국제자연보전연맹(IUCN : International Union for Conservation of Nature)에서는 야생생물 멸종 방지 및 생물다양성 보전을 위해 지구상의 식물, 동물 종의 보전상태에 따라 멸종 위험이 높은 생물을 선정하고, 이들 종의 분포 및 서식 현황을 수록한 IUCN 적색목록(Red List)을 만들었다. 1966년 처음 발간한 자료집 표지가 위기를 나타내는 붉은색이어서 적색목록집(Red Data Book)라고 한다.

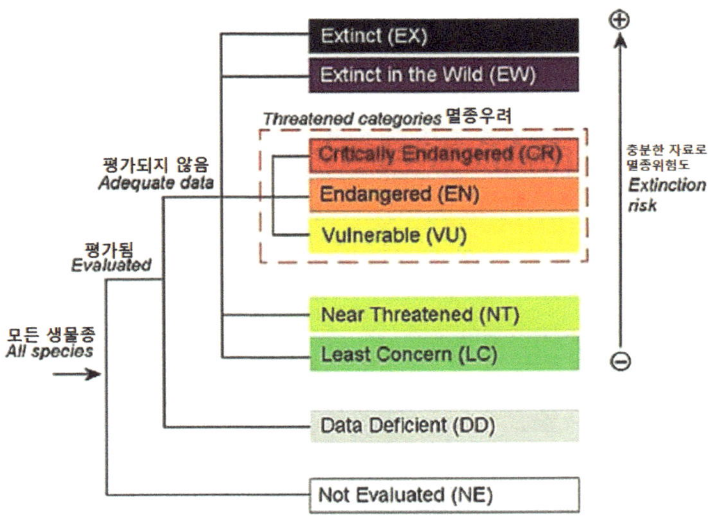


[그림 6-6]
IUCN 적색목록 구분
(IUCN 자료를 바탕으로 저자 수정)

[그림 6-7]
IUCN Red List 로고 및 등급
(자료 : IUCN)

우리나라의 경우 산림청 희귀식물, 멸종위기야생동물 등을 포함하는 개념으로 이해되고 있으며, 지역적 멸절위기종 등을 추가로 설정하고 있다.

## [3] 백두산 야생동물

포유류로는 검은담비, 곰, 백두산사슴, 사향노루, 사슴, 산양, 수달 등이 서식하며, 북한쪽 주장에 의하면 백두산호랑이(아무르호랑이, 시베리아호랑이), 극

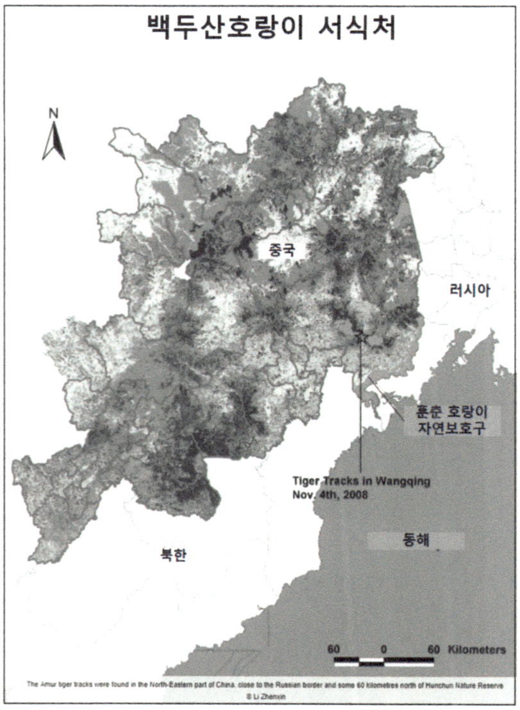


[그림 6-8]
백두산호랑이 서식처
(WWF(2008)를 바탕으로 저자 수정)

동표범(아무르표범), 시라소니 등이 서식하고 있다고 하나 최근에 발견된 사례가 없어서 사실상 멸종된 것으로 판단된다. 다만, 중국에서 러시아에 이르는 구간에 백두산호랑이나 극동표범 수십 개체가 살고 있는 것으로 조사되었다.

[그림 6-9] 멸종위기야생생물 1급. 백두산호랑이 (중국 훈춘에서 저자 촬영)

조류로는 천연기념물인 삼지연메닭(348호), 신무성세가락딱따구리(353호) 등이 있고, 특별보호대상 조류로 메닭, 세가락메추리, 북올빼미, 긴꼬리올빼미, 두루미, 재두루미, 원앙, 청둥오리, 붉은허리제비, 숲새 등이 있다. 북살모사와 긴꼬리도마뱀 등의 파충류와 무당개구리, 합수도룡뇽 등의 양서류가 있다.

천지는 수온이 낮고 수심이 깊으며 물이 맑아 플랑크톤이 살기 어렵기 때문에 어류를 비롯한 생물이 살지 못한다고 하는데 1960년 이래 북한에서 방생한 산천어와 몇 수서생물들이 살고 있다고 알려져 있다.

또한 백두산 일대에 서식하는 토종 백두산여우가 1930년대부터 확인되고 있는데, 특히 2014년도에는 백두산 천지 부근에서 한국 토종 여우의 돌연변이 개체(알비노개체)로 볼 수 있는 흰여우가 발견되었다고 하여 화제가 되기도 하였다.

그 외에도 백두산사슴의 알비노 개체인 백사슴도 발견된 바 있다.

[그림 6-10]
백두산 소동물들...

[그림 6-11]
백두산을 넘어 이동하는 두루미
(자료 : Ài guìshēng, 2009)

# [4] 우리나라 식생대와 백두산 자생식물

## 1. 식생대

우리나라는 대체로 온대기후대에 해당되지만 국토가 남북방향으로 비교적 길게 이어져 있기 때문에 남쪽해안과 제주도는 난대림이 발달하고, 국토의 대부분은 온대림이 분포한다. 온대림은 다시 남부지방은 온대남부, 중부지방과 북부지방의 남쪽은 온대중부, 북부지방의 대부분은 온대북부로 나눌 수 있다. 이렇게 위도에 따라 구분하는 것을 수평분포라고 한다.

그런데 백두산을 중심으로 북부지방의 고산지대와 그 외 고산지대 정상부는 수직높이에 따라 기온이 낮아져 냉대림이 발달한다. 이렇게 높이에 따라 구분하는 것을 수직분포라고 한다.

백두산은 수평분포로 볼 때 온대북부에 해당되지만 수직분포를 기준으로 냉대림에 해당된다. 이렇게 고산지대에는 마치 북극권 기후처럼 겨울철 기온이 영하 40℃ 이하로 내려가고 강풍에 건조한 기후조건에 잘 견딜 수 있는 식물들만 자랄 수 있게 된다.

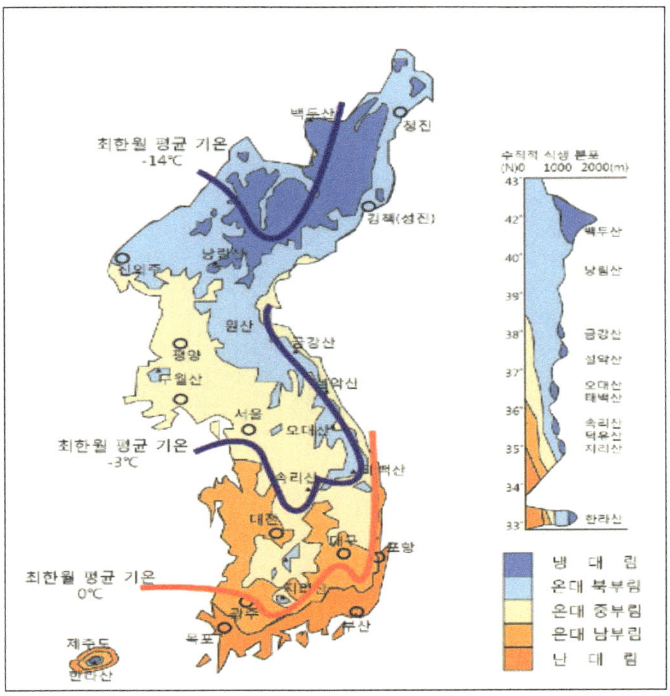


[그림 6-12]
우리나라 식생대
(구본학, 2016)

## 2. 수목한계선

백두산을 오르다보면 울창한 숲이 이어지다가 어느 순간 갑자기 숲이 사라지고 키 작은 관목이나 야생화, 심지어 지의류와 같은 식물들이 지천에 펴져 있는 모습을 볼 수 있다. 대체로 백두산은 해발 1,700~1,800m까지는 수림대이고, 그 위는 관목림과 고산초원대를 이루고 있다. 고산이나 고위도지방에서는 저온, 습원에서는 토양수분 과잉, 사막이나 사바나에서는 수분 부족, 극지방에서는 강풍 등이 제한요인이 된다.

난대림대에 속하는 제주도 한라산이 고도에 따라 난대림-온대남부-온대중부-온대북부 및 냉대림까지 수직분포를 이루는 특성이 있어 학술적 가치가 높은데, 백두산은 수평적으로는 온대북부에 속하면서 고산 및 아고산대의 특성을 갖추고 있고 다양한 생태환경을 나타내는 생태계의 보고라고 할 수 있다.

이렇게 고산지대 및 극지에서 수목이 존재할 수 있는 경계선을 수목한계선(timberline)이라 하며 교목한계선이라고도 부른다. 백두산은 해발고도 약 1,700~1,800m 부근부터 수직적으로 교목림이 갑자기 사라지는 수목한계선이 뚜렷하게 나타난다. 수목한계선까지는 교목림 우점하는 수림대이고, 그 위는 갑자기 교목이 사라지고 관목이나 초본류, 지피류, 지의류 및 이끼류 등 중심의 고산초원대를 이루고 있다.

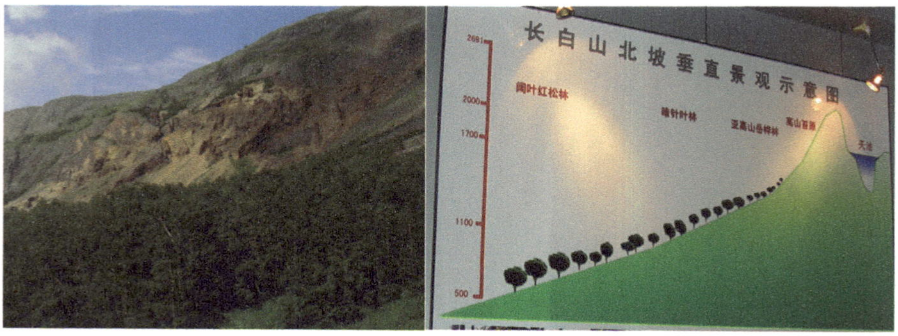


[그림 6-13]
수목한계선.
왼쪽 : 교목이 갑자기 사라지는 백두산 수목한계선.
오른쪽 : 백두산 수직분포(수목한계선) 설명하는 모식도

수목한계선은 환경조건의 변화 때문에 수목의 생육이 불가능하게 되는 한계선으로서 생태적 전이대 또는 이행대(ecotone)이다. 이러한 수목한계선은 1년 중 가장 더운 달의 평균기온이 10℃인 선과 거의 일치한다. 수목한계선의 높이는 위도에 따라 달라지며 같은 위도에서는 향에 따라 달라진다. 위도가 높을수록

기온이 낮기 때문에 낮은 고도에서 나타나게 된다.

백두산은 고산지대 냉대기후로 인해 광활한 침엽수림대와 야생화 군락이 펼쳐지며 원시림은 산림유전림으로도 가치가 인정되고 있다. 특히 해발고도가 높아지면서 기후와 토양 및 이에 따른 식생분포가 뚜렷한 층위를 이루고 있다. 이렇게 수직높이에 따라 층을 이룬 수직분포대는 온대기후대로부터 냉대 및 고산툰드라에 이르는 변화를 이루어, 4계절 변화를 느낄 수 있다.

백두산은 화산추, 고산고원지대, 용암탁상지대 등의 지형 지질적 특성과 함께, 활엽수림대, 혼효림대, 침엽수림대, 고산툰드라 등의 수직분포를 볼 수 있는 독특한 생태계의 보고이다. 백두산의 대표적인 자생수목인 사스레나무는 비옥도가 낮은 척박지에서도 생육이 강하고 바람이 센 저온에서도 꿋꿋하게 잘 자란다. 백두산은 거의 200일 정도 풍력등급 8등급 정도의 강풍이 부는 조건에서도 지면 가까이 비스듬히 누운 채 바람결 모습으로 견디며 살아가고 있다.

## 3. 여인의 아리따운 자태를 닮은 미인송

미인의 자태를 닮았다는 미인송(beauty pine)은 이도백하 지역에 자생군락이 남아 있으며 일명 장백이깔나무로 불린다. 줄기가 곧고 나뭇가지와 잎들이 수관부에 밀집되어 있다 보니 전체적으로 날렵하고 가냘픈 미녀를 연상케 한다는 의미에서 미인송이라고 부른다. 이도백하의 풍토에 적응되다 보니 다른 지역으로 옮기면 살 수 없다고 믿고 있을 정도로 이도백하를 상징하는 나무이다. 우리 고유의 소나무가 대장부의 늠름한 기개를 닮았다고 한다면, 백두산 미인송은 가냘픈 아름다움이 수려함을 넘어 성결하기까지 하다.

한편, 이도백하 지역에는 미인송과 표범을 상징하는 조형물도 설치되어 지역의 상징성을 부각시키고 있다.

이도백하 마을에는 미인송과 관련하여 송풍나월(松風羅月) 전설이 내려온다. 마을에 살고 있는 송풍(松風)이라는 청년과 나월(羅月)이라는 아가씨에 얽힌 전설이다. 송풍나월은 소나무 가지 사이를 스쳐 지나가는 바람과 나뭇가지 사이로 비친 달빛을 의미하는데, 옛 사람들은 선남선녀를 의인화하여 부르곤 하였다.

[그림 6-14]
백두산 미인송
(이도백하 마을)

[그림 6-15]
미인송과 표범을 모델로 표현된 부조(이도백하 마을)

3월 어느 보름날 달빛에 의해 이도백하 강물이 은빛으로 물들었던 그 밤에 두 사람은 부부로서의 언약을 맺었지만 두 집안 모두 매우 가난하여 매년 마을 어른인 이장에게서 빌린 식량과 빚으로 힘든 나날을 보내고 있었다. 나월의 미모에 반한 이장은 두 사람을 갈라놓고 나월을 취하기 위해 송풍 청년에게 1년 동안 성을 쌓는 노역을 하든지 지금까지 빌려간 돈을 즉시 갚을 것을 요구하였다.

강제노역을 하게 된 송풍과 나월은 강가에서 만나 현세에서 이루지 못한 부부의 연을 저승에서 이루자는 약속과 함께 하룻밤을 보냈다. 이장의 온갖 회유와 협박에도 1년을 버티던 나월은 노역에 동원된 송풍이 성을 쌓다가 바위에 부딪혀 죽었다는 소문을 전해 들었고, 이장의 협박을 피해 마침내 달빛이 황황히 갠 밤, 새 옷으로 갈아 입고는 송풍과 함께 약속한 이도백하 강변에서 송풍을 간절히 기리며 홀로 혼인 예식을 치룬 후 그대로 강에 뛰어들어 버렸다. 나월의 몸은 이도백하 강변으로 떠내려 와 부드러운 강모래와 흙으로 덮인 채 소나무가지 하나가 자라기 시작했다.

나월이 죽은 지 3년, 거짓말처럼 송풍이 돌아왔다. 성을 쌓으며 돌에 부딪혀 죽은 줄로만 알았으나 기적적으로 깨어난 후, 상처가 너무 심한 탓에 움직이지 못하다가 몸이 회복된 후 마을로 돌아온 것이다. 마을사람들로부터 나월의 죽음을 듣고 목놓아 울다가 나월의 무덤을 찾았을 때 무덤 위에 미인송 한 그루가 하늘을 향하고 자라고 있었다. 나월을 그리워하며 미인송을 끌어안고 밤새 울던 송풍은 이장집으로 달려가 불을 지르곤 다시 나월의 무덤으로 돌아와 미인송을 끌어안고 나월 이름을 목놓아 부르다가 피를 토하며 쓰러져 함께 저 세상으로 떠났다. 죽어가는 송월의 몸에서 안개가 피어오르기 시작하여 이윽고 미인송을 감싸듯 빙빙 돌아가며 하늘로 천천히 올랐다. 미인송의 푸른 잎은 송풍을 향한 나월의 애틋한 사랑이라고 전해진다.

## 4. 백두산 자생식물

[그림 6-16]
백두산자작나무

[그림 6-17]
지하숲의 식생(Larix)

[그림 6-18]
황철나무

[그림 6-19]
분비나무 / 바디나물

[그림 6-20]
분비나무

[그림 6-21]
종비나무

[그림 6-22]
지하숲의 식생(Picea 등) 및 뿌리

# [5] 고산화원과 야생화

## 1. 고산화원

해마다 여름이면 서백두 1,500~2,500m 부근의 완만한 비탈면에는 천연색 카펫을 깔아놓은 듯 빛나는 꽃의 향연이 마치 낙원의 모습을 방불케 한다. 이른바 고산화원(高山花園)이라 불리는 거대한 꽃무늬 향연이다. 백두산 일대는 국내에서 멸종되었거나 보기 드문 동·식물의 서식조건을 갖추고 있다. 급경사를 이루는 천지 내륜에 비해 수목한계선에서 천지에 이르는 천지 외륜은 완경사 지형을 이루며 여기에 기후 특성까지 더해져 백두산의 독특한 천연 야생화 전시장이며 지피초화류의 바다를 이루고 있다.

그중 대표적인 야생화원은 서백두 청석봉, 와호봉, 관면봉 일대 경사지 구릉지에서 금강분지에 이르는 광활한 고원지대에 발달한 고산화원이다. 해발 1500m의 서백두 산문에서 2300m 천지까지 완만하게 뻗어나간 구릉지에 자생 원시림과 관목과 그 사이 군데군데 야생화가 어우러져 자연의 모습 그대로 광활한 초원을 형성한다. 특히 수목한계선 아래 금강분지 가는 길과 금강분지는 광활한 초원에는 들꽃과 어우러지는 시원한 녹색초원이 펼쳐진다. 고산화원은 대략 6월 중순에서 9월 중순까지 큰원추리, 금매화, 노란만병초, 하늘매발톱, 바이칼꿩의다리, 산용담, 개불알꽃, 산미나리아재비, 구름국화, 박새 등 1,800여 종의 야생화가 뒤덮고 있다.

[그림 6-23]
서백두 고산화원에서

[그림 6-24]
서백두 탐방로 야생화가 지천이다... 그래서 고산화원이라 부른다.

[그림 6-25]
서백두 고산화원

[그림 6-26]
고산화원의 야생화

[그림 6-27]
연미화원(fleurs-de-lis : 백합야생화원)

[그림 6-28]
고산화원에서 바라 본 백두산

## 2. 백두산의 야생화

고산화원 외에도 백두산은 전체가 야생화 꽃밭이라고 부를 수 있을 정도로 야생화가 지천이며 식용식물, 화장품 등의 재료식물, 음료, 밀원식물, 관상식물 등 다양한 식물들이 자라는 보물창고이다. 백두산 깊은 곳까지 추운 날씨와 강풍에 적응하여 양탄자처럼 펼쳐진 형형색색의 꽃밭을 이루거나 돌 틈이나 키 작은 관목류들 사이로 야생화가 양탄자처럼 덮인다.

그 외에도 조선대황, 나무꽃부채, 산덩쿨인삼, 오미자, 백두산구슬봉이, 천마, 족두리풀, 더덕 등 100여종의 약용식물, 버섯, 기타 110여종의 산채나 향료 식물 등 600여종이 분포하고 있다. 백두산 식물들은 꽃이 크고 색도 선명하며 강한 향기를 내는 것이 특징으로서 3개월 정도의 짧은 생장기 동안 상대적으로 적은 꿀벌 등을 끌어들이는 생존전략이며, 개미, 파리, 모기 등이 나비와 벌을 대신하기도 한다. 특히 나무꽃석남은 눈에 덮인 가운데에서도 꽃을 피우고 산허리를 아름답게 장식하고 있다.

[그림 6-29]
북백두 비룡폭포 주변 야생화

[그림 6-30]
망천후 정상부의 야생화 군락

[그림 6-31]
백두산...
야생화가 지천이다.

[그림 6-32]
서백두 왕지가는길
야생화

[그림 6-33]
백두산 정상부 야생화

[그림 6-34]
백두산 곳곳에 야생화가 지천이다.

[그림 6-35]
백두산 야생화

[그림 6-36]
백두산의 야생화

[그림 6-37]
각시취 *Saussurea pulchella*
잎에 털이 있어 참솜나물이라고도 부른다. '각시'라는 접두어는 크기가 조금 작고 연약하다는 의미로서 각시취는 다른 국화과에 비해 상대적으로 연약해 보인다고 해서 붙였다. 한자로 미화풍모국(美花風毛菊)이라고 하는데 아름다운 꽃을 가진 바람에 털이 날리는 국화라는 의미이다. 보랏빛 또는 분홍빛 계열의 꽃이 개화기간이 길어 꽃꽂이 재료로 많이 쓴다.

[그림 6-38]
구름국화 *Erigeron thunbergii*
높은 곳, 구름이 지나는 곳에서 자란다고 해서 구름국화라 부르며, 하늘에서 가까운 곳에서 자란다고 해서 하늘국화라고도 부른다.
국화과에 속하며, 동국, 무모장씨비련, 큰산금전화, 구름금잔화, 산망초라고도 부른다.
북한 천연기념물로 지정되었다.

[그림 6-39]
곰취 *Ligularia fischeri*
우리나라 원산으로 전국 깊은 산속 습지에서 자생한다. 곰이 좋아하는 나물이라 곰취, 웅소(熊蔬)라고 부른다.
향이 뛰어나 조선 요리백과 [시의전서]에 "그 향을 삼키기 아깝다"고 기록되어 있다. 독초인 동의나물과 비슷하나 잎의 톱니와 줄기 색이 다르다. 강원도 양구에서는 매년 대암산 곰취 축제가 열린다.

[그림 6-40]
꿩고비 *Osmunda cinnamomea*
화석식물로 알려져 있으며, 7500 만년 전 화석에서 발견된 바 있다. 주로 산지의 습지에서 자생하며, 포름알데하이드 제거 효율이 좋은 실내정화식물로 활용되고 있다.

[그림 6-41]
관중 *Dryopteris crassirhizoma*
국내에 고루 분포하며, 주로 산지의 습한 그늘에 잘 자란다. 한방에서는 기생충 구충제로도 쓰인다. 멸종위기종으로 지정되었다가 해제되었다.

[그림 6-42]
궁궁이 *Angelica polymorpha*
산골짜기의 계곡 근처에서 잘 자란다. 부인병, 진정제, 진통제 등에 이용된다. 본초강목에 의하면 芎藭라는 단어에서 유래되었다고 한다. 구릿대, 천궁 등과 유사하다.

[그림 6-43]
개회향 *Ligusticum tachiroei*
고산지대 습기 있는 바위틈에서 잘 자라는 자생종이다. 잎이 실처럼 가늘고 연약하다. 유사종으로 유럽원산의 회향이 있다.

[그림 6-44]
금방망이 *Senecio nemorensis*
황금색으로 빛나는 꽃이 화려하다. 주로 백두산 일대와 한라산 등 고산지역에 자라며 국내(남한)에서 최근 많이 발견되고 있다.

[그림 6-45]
껄껄이풀 *Crepis coreana*
우리나라 특산종으로 주로 백두산 일대 고산지대의 숲가장자리 초원 군락을 이룬다. 고려조밥나물, 넓은잎조밥나무, 조선산유국 등으로 불린다.

[그림 6-46]
냉초 *Veronicastrum sibiricum*
숨위나물, 수뤼나물, 초불위령선이라고도 부른다. 몸체질이 차가운 사람들에게 효험있는 약초로 알려지고 있다. 나물이나 숙취해소, 한방에서 방광염, 관절염, 중풍 약제, 밀원식물 등으로 이용된다.

[그림 6-47]
노루삼 *Actaea asiatica*
우리나라 전역의 산 속 그늘에 자란다. 노루가 먹는 삼이라는 의미로서 녹두승마, 유엽승마로도 불린다.

[그림 6-48]
나도옥잠 *Clintonia udensis*
깊은 산 속에서 주로 자라며, 두메옥잠으로도 불린다. 5월경 깊은 산 속 하얀 꽃이 기품 있고 고고하다.

[그림 6-49]
노루오줌 *Astilbe rubra var. rubra*
노루가 자주 오는 물가에서 많이 볼 수 있다고 해서 노루오줌이라고 부른다. 한방에서는 해열 두통에 소승마, 타박상에 적승마를 치료제로 한다. 흰색 또는 연분홍 꽃이 맑고 투명하다.

[그림 6-50]
닻꽃 *Halenia corniculata*
경기도 이북의 산지에 자생하는 북방계 식물이며, '멸종위기 야생생물 II급'이다. 한국적색목록에 멸종위기 범주인 취약종(VU)으로 평가되어 있다. 황록색이 도는 닻 모양 꽃이 핀다.

[그림 6-51]
당개지치 *Brachybotrys paridiformis*
산지에 자라며 산가자, 지장나물 등으로 불린다. '당'은 중국 원산이라는 의미이고, 지치는 지초 혹은 자초와 같이 약초를 의미한다.

[그림 6-52]
달구지풀 *Trifolium lupinaster*
우리나라 원산으로 동북아 일대 산지나 초원에 자생하며 손바닥모양으로 달리는 5개의 작은 잎이 마치 달구지의 축을 닮았다 하여 달구지풀이라 부른다. 유사종으로 한라산에 자생하는 제주달구지풀과 귀화식물인 토끼풀 등이 있다.

[그림 6-53]
담자리꽃나무 *Dryas octopetala var. asiatica*
북부 고산지대 정상부의 자갈밭이나 초원에 자생하며, 선녀목, 다판목으로 부르기도 한다.

[그림 6-54]
돌꽃 *Rhodiola rosea*
고산지대 바위나 돌틈에서도 잘 자란다. 인삼과 같은 효능을 지닌 신비의 약초로 불리며, 강장제, 피로회복, 신장기능 향상, 면역력 향상, 항암 등에 효과가 있다.

[그림 6-55]
등대시호 *Bupleurum euphorbioides*
고산지대 초원에서 자생하는 한국 고유종이다. 멸종위기야생생물로 지정되었다가 해제되었다. 국외 반출 시 승인대상 생물자원이다.

[그림 6-56]
두메양귀비 *Papaver coreanum*
백두산 일대 고산지대에 자생하며, 양귀비와 유사하나 마약성분은 없다. 조선앵속, 산양귀비, 두메아편꽃라고도 부른다. 북한의 천연기념물로 지정되어 있다.

[그림 6-57]
두루미풀 *Maianthemum bifolium*
고산지대 숲 속에 자생한다. 꽃은 두루미 머리와 목을 닮았고, 잎은 두루미 날개 편 모습과 닮았다.

[그림 6-58]
두메분취 *Saussurea tomentosa*
북부지방 백두산 일대의 고산지대에서 자생하며, 산각시취와 비슷하다. '두메'라는 접두어는 고산지대에서 자생한다는 의미로 붙인다. 줄기 끝에 꽃이 달리는데 두메분취는 한 송이, 산각시취는 여러 송이가 달린다.

[그림 6-59]
들쭉나무 *Vaccinium uliginosum*
우리나라를 중심으로 고산지대에 자생하며, 토종 블루베리로 불린다. 들쭉은 들쭉실의 준말인데 더 널리 쓰여 표준어로 간주된다. 북한에서는 천연기념물로 지정하고 있으며, 들쭉술이나 들쭉음료를 생산한다.

[그림 6-60]
도깨비엉겅퀴 *Cirsium schantarense*
중부 이북의 깊은 산 속에 분포하며, 줄기에 패인 줄이 있고 윗부분에 거미줄 같은 털이 있다. 가시가 많아 마치 도깨비 같다고 해서 붙인 이름이며, 어린 잎은 식용이다. 꽃이 땅을 향하고 있어 수그린엉겅퀴라고도 하며, 부전엉겅퀴라고도 부른다.

[그림 6-61]
딱총나무 *Sambucus williamsii var. coreana*
악기를 만드는 재목으로 사용되어 Sambucus라고 부른다. 피부미용에 효능이 있으며 관절을 삐거나 뼈가 부러졌을 때 접골목으로 사용한다. '해리포터와 죽음의 성물'에서 최강의 지팡이로 등장한다. 나뭇가지 가운데 심지를 제거하고 딱총으로 쓰곤 했다.

[그림 6-62]
만병초 *Rhododendron brachycarpum*
중부 이북 고산지대에 자생한다.

[그림 6-63]
물레나물 *Hypericum ascyron*
전국에 분포하며 약간 네모난 줄기가 특징이다. 바람개비 모양의 노랑 꽃에 붉은 기운이 돈다. 지혈 해독 기능이 있으며 구충제로도 이용된다.

[그림 6-64]
말나리 *Lilium distichum*
'말'은 크다는 의미의 접두사. 높은 산지 숲속에서 자란다. 붉은 빛 노랑색 꽃 가운데 붉은 점이 몰려 있다.

[그림 6-65]
물매화 *Parnassia palustris*
고산지대 습지나 초지에 자생한다. 옥황상제의 정원을 가꾸던 선녀가 지상에 떨어져 하늘로 돌아가지 못하고 습지에 사는 물매화가 되었다는 전설이 내려온다.

[그림 6-66]
미역줄나무 *Tripterygium regelii*
깊은 산기슭이나 정상부에서 자란다. 북한 이름 메역순나무, 중국에서는 곤명산해당. 덩굴이 튼튼하게 뻗고 줄기가 미역의 고갱이처럼 생겼다하여 미역줄나무라고 부른다.

[그림 6-67]
분홍바늘꽃 *Epilobium angustifolium*
주로 중북부 고산지대에 자생하며, 두메바늘꽃, 유란 등으로도 불린다. 바늘꽃 종류 중 가장 꽃이 크고 화려하다.

[그림 6-68]
바위구절초 *Dendranthema sichotense*
북부 고산지대에 자생하며 키가 작다. 9번 꺾인다고 해서 구절초라 불리며, 9월 9일을 의미하기도 한다.

[그림 6-69]
비로용담 *Gentiana Jamesii*
금강산 비로봉에서 처음 발견되어 우리말 이름을 얻은 북방계 고산식물이다. 활짝 피어 있는 꽃을 손으로 건드리면 오므라드는 습성이 있어 새색시로 비유된다.

[그림 6-70]
박쥐나물 *Cacalia auriculata var. matsumurana*
고산지대 자생하며, 삼각형 잎이 박쥐를 닮았다고 해서 박쥐나물이라 부른다.

[그림 6-71]
붉은노루삼 *Actaea erythrocarpa*
노루삼의 잎이 산삼의 잎과 유사하게 생겨 노루가 먹는 삼이라고 하여 붙여진 이름이라고 한다. 열매가 붉은빛 또는 흰색이다.

[그림 6-72]
섬말나리 *Lilium hansonii*
섬에 사는 말나리라는 의미로서 울릉도 숲 속에서 자생하며, 식량대용으로 감자처럼 쪄먹곤 했다. 울릉도의 나리분지 지역은 섬말나리가 대규모 군락을 이루고 있어 붙여진 이름이다.

[그림 6-73]
산용담 *Gentiana algida*
북부 고산지대에 자생하며, 약재로도 이용된다.

[그림 6-74]
삿갓나물 *Paris verticillata*
잎이 삿갓처럼 퍼졌다고 해서 삿갓나무라 불리며, 우산나무와 유사하나 독성이 있어 주의. 삿갓나물 잎은 끝이 갈라지지 않고 톱니가 없다.

[그림 6-75]
삿갓사초 *Carex dispalata Boott var. dispalata*
전국의 습지에 자라며, 잎을 말려서 삿갓이나 도롱을 만든다고 해서 삿갓사초라 부른다. 사초과 식물은 벼과 식물과 유사하나 줄기 속이 차 있고 삼각기둥 모양이다.

[그림 6-76]
생열귀나무 *Rosa davurica*
장미과의 해당화, 인가목 등과 유사하나 중북부 고산지대에 자생한다. 까마귀밥나무, 뱀의 찔레, 가시열매 등으로 불린다. 천연종합비타민제로 불리며, 동맥경화, 기타 질병에 대한 저항력을 높이는데 이용된다.

[그림 6-77]
송이풀 *Pedicularis resupinata*
전국에 분포하며 깊은 산지의 숲 가장자리나 초지 등 고르게 분포한다. 늦은 여름부터 추석 무렵까지 송이버섯을 채취할 무렵에 꽃이 피며, 줄기 끝에 달린 꽃이 송이를 이루기 때문에 송이풀이라고 이름 붙였다. 꽃잎이 시계방향으로 바람개비형으로 배열된다.

[그림 6-78]
석송 *Lycopodium clavatum var. nipponicum*
깊은 산 숲속에서 자생하며, 건조시킨 것을 석송자라고 한다. 신근초, 치산룡 등으로도 불린다. 관절, 대상포진, 중풍, 신경통 등에 약효가 있다고 알려져 있다.

[그림 6-79]
시호 *Bupleurum falcatum*
전국적으로 분포하며 약초로 이용된다. 진통제,해열제 등으로 효과가 있다.

[그림 6-80]
연령초 *Trillium kamtschaticum*
중북부 산지 개울가나 습한 응달 등에 자생한다. 줄기 끝에 달린 3매의 잎이 특징이다. 약초로 쓰면 수명이 연장된다고 해서 붙여진 이름이다.

[그림 6-81]
오랑캐장구채 *Silene repens*
북부 산지 수목한계선 부근의 습한 지역에 자생하며 꽃 모양이 장구처럼 생겼다고 해서 오랑캐장구라고 불린다.

[그림 6-82]
잔대 *Adenophora triphylla*
전국적으로 분포하며, 사삼, 딱주 등으로도 불린다. 식용과 약용으로 이용되며, 한방에서는 강장, 해열, 거담제로 이용한다.

[그림 6-83]
자주꽃방망이 *Campanula glomerata var. dahurica*
중부이북 전국적으로 자생한다. 방망이 같이 뻗은 줄기에 작은 종 모양의 자주보라꽃이 층을 이루어 달려 있어서 붙인 이름이다.

[그림 6-84]
*좁쌀풀 Lysimachia vulgaris var. davurica*
동아시아 지역에 자생하며 습지에 잘 자란다. 작은 꽃이 다닥다닥 붙어 있어 마치 좁쌀같다고 해서 붙인 이름이다. 고혈압, 불면증 등에 약효가 있으며, 황련화, 초련옥, 유황초 등으로 불린다.

[그림 6-85]
쥐오줌풀 *Valeriana fauriei*
전국적으로 분포하며, 뿌리에서 마치 쥐오줌 같은 강한 냄새가 난다고 해서 붙인 이름이다. 불면증에 약효가 있다고 한다. 방향제, 불면증, 위경련, 히스테리 등에 약효가 있다고 알려져 있다.

[그림 6-86]
참취 *Aster scaber*
전국의 산과 들에 분포하며, 취나물이라고 흔히 부른다. 나물로 애용되는 식용식물이며 약용식물로도 효능이 있어 동풍채, 산백채 등으로도 불린다.

[그림 6-87]
큰오이풀 *Sanguisorba stipulata*
백두산을 비롯한 북부 고산지대 초지에 자생한다. 잎과 꽃이 크며, 구름오이풀, 백두오이풀 등으로 불린다. 오이풀속 식물의 뿌리 및 근경을 말린 것을 지유라고 부르며, 지혈, 해독제로 이용된다.

[그림 6-88]
촛대승마 *Cimicifuga simplex*
전국 산지의 그늘이나 저습지에 자생한다. 한약재로도 효능이 있어 승마로 불리며, 염증과 감기에 효능이 있고 해독, 진통해열제로도 이용된다.

[그림 6-89]
톱바위취 *Saxifraga nelsoniana*
북부 산 속 숲에 자생하며, 바위틈에 자라는 취나물이라는 의미로서 잎에 톱니가 있어서 붙인 이름이다.

[그림 6-90]
하늘매발톱 *Aquilegia japonica*
백두산 일대 북부 고산지대에 자생하며 재배되어 전국에 보급되고 있다. 독성이 있으며, 독수리나 매의 발톱을 닮았다고 해서 붙인 이름이다. 산 정상부에서 자라기 때문에 하늘이라 하였으며, 학명의 아퀼레기아는 독수리라는 의미이다.

[그림 6-91]
털쥐손이 *Geranium eristemon*
높은 산 중턱에 자생하며, 온몸에 털로 덮여있다. 노관초, 모예노관초, 일과침 등으로 불리며, 한망에서 대하증, 위궤양, 식중독, 변비, 위장염에 이용된다.

[그림 6-92]
화살곰취 *Ligularia jamesii*
백두산 일대 북부 고산지대 깊은 산에 자생한다. 잎이 화살모양이라 화살곰취라 불리며, 백두산곰취, 탁오 등으로도 불린다.

[그림 6-93]
호범꼬리 *Bistorta ochotensis*
백두산일대 깊은 산 속 초지에 자생한다. 범꼬리는 범의 꼬리 모양을 닮았다고 해서 붙인 이름이다.

## 참고문헌


01. 구본학. 2016. 환경생태학. 문운당.

02. 김희정, 류충걸, 온염령. 2002. 연변관광자원과 리용. 연변대학출판사.

03. 안재홍. 1931. 백두산 등척기. 온이퍼브. 2014.

04. 최남선. 1927. 백두산 근참기. 온이퍼브. 2014.

05. Ài guìshēng. 2009. 천하명산 장백산(Wild and Majestic Changbai Mountains). China Travel & Tourism Press

06. 吉林長白山國家級自然保護區管理局. 2004. 장백산 풍광(Changbai Mountain). China Travel & Tourism Press.

07. 徐克. 2006. 东方乔岳 長白山. 吉林撮影出版社.

08. 박종. 1764. 백두산 유록.

09. 서명응. 1766. 유백두산기. 문화콘텐츠닷컴.

10. 백두산 천지 수문조사관측 및 두만강 조사연구사업

11. 김정호. 대동여지도원도. 경희대 부설 전통문화연구소, 백산자료원, 2014.

12. e0CpYBR5. 2014. Development of an IT-based Volcanic Disasters Response System (e0CpYBR5@www.geospatialworld.net). Geospatial World.

13. Furuta,T., Fujioka,K., Arai,F. 1986. Widespread submarine tephras around Japan -Petrographic and chemical. Marine Geology, 72(1-2) : 125-142. ELSEVIER.

14. Korea Konsult (http://www.koreakonsult.com)

15. Lim,C., Kim,S., Lee,C. 2014. Geochemical fingerprint of the primary magma composition in the marine tephras originated from the Baegdusan and Ulleung volcanoes. J. of Asian Earth Sciences, Vol 95 : 266-273. ELSEVIER.

16. Machida, H. 2002. Volcanoes and Tephras in the Japan Area. Global Environ. Res. 6.

17. Machida, H., Hiroshi: Arai, Fusao. 1983. Extensive ash falls in and around the sea of Japan from large late quaternary eruptions. Journal of Volcanology and Geothermal Research, 18(1) : 151-164. ELSEVIER.

18. McLean, D., Albert,PG., Nakatawa,T., Staff,RA., Suzuki, T., Smith,VC. 2016. Identification of the Changbaishan 'Millennium' (B-Tm) eruption deposit in the Lake Suigetsu(SG06) sedimentary archive, Japan: Synchronisation of hemispheric -wide palaeoclimate archives. Quaternary Science Reviews Vol.150 : 301-307. ELSEVIER.

19. Pan,B., de Silva,SL., Xu,J.,Chen,Z., Miggins,DP., Wei,H. 2017. The VEI-7 Millennium eruption, Changbaishan-Tianchi volcano, China/DPRK: New field, petrological, and chemical constraints on stratigraphy, volcanology, and magma dynamics. J. of Volcanology and Geothermal Research, Vol. 343 : 45-59. Elsevier.

20. Paone,A. & Yun,SH. 2016. Pyroclastic Density Current Hazards at the Baekdusan Volcano, Korea: Analyses of Several Scenarios from a Small-Case to the Worst-Case Colossal Eruption. (https://www.intechopen.com/books/updates-in-volcanology-from-volcano-modelling-to-volcano-geology/)

21. WWF. 2008. Signs of Amur tiger in China give hope for struggling species. Building a future in which people live in harmony with nature. WWF.

22. Yatsuzuka.S., Okuno,M. Nakamura,T. Kimura,K., Setoma,Y., Miyamoto,T., Kim,K., Moriwaki,H., Nagase,T., Jin,X., Jin,B., Takahashi,T., Taniguchi,H. 2010. 14C WIGGLE-MATCHING OF THE B-TM TEPHRA, BAITOUSHAN VOLCANO, CHINA/NORTH KOREA. Proceedings of the 20th International Radiocarbon Conference. RADIOCARBON, 52(2-3) : 933-940.

23. Yu,H., Xu,J., Luan,P., Zhao,B., Pan,B. 2013. Probabilistic assessment of tephra fallout hazard at Changbaishan volcano, Northeast China. Nat Hazards, Vol. 69 : 1369-1388. Springer.

24. Zou, H., Fan, Q., Zhang,H. 2010. Rapid development of the great Millennium eruption of Changbaishan (Tianchi) Volcano, China/North Korea: Evidence from U-Th zircon dating. LITHOS. Elsevier.

# 찾아보기

(라)



(마)



(바)



(사)

지은이 **구본학**
ecoculture@smu.ac.kr, ecoculture9@gmail.com

저자는 상명대학교 교수로서 국제생태문화포럼 대표이며 한국환경복원기술학회 회장을 역임한, 생태문화 연구의 선구자이다.

1959년 대전에서 태어나 대전고등학교를 다녔으며, 서울대학교에서 학사, 석사, 박사학위를 각각 취득하였다. 육군병장으로 군 복무를 마친 후, 1985년 1월부터 한국수자원공사에서 11년 2개월동안 근무하면서 본사와 현장을 오가며, 계획, 설계, 시공, 관리, 기술개발 등 다양한 경험을 축적하였고, 그런 실무능력을 바탕으로 기술사 자격을 취득하였다.

1996년부터 9년간 대전과학기술대학교에서 근무하였으며, 2004년부터 상명대학교에 근무하면서 실무경험을 바탕으로 학술적 이론과 실무적 기술이 접목된 강의와 연구를 수행하고 있으며, 2011년에는 미국 Rutgers 대학에서 교환교수로 연구하면서 외국의 연구자와의 교류를 통해 생태문화적 사고의 폭을 넓히고, 손수 운전을 하면서 미국과 캐나다의 생태문화 자원을 답사하는 등 지구 땅 끝까지 돌아다니며 생태문화 흔적들을 찾아다니고 있다.

2004년부터 국제규모의 학술심포지움을 개최하는 〈국제생태문화포럼〉을 출범시켰고 이를 바탕으로 '생태문화(ecoculture)'라는 새로운 융복합 학문의 영역을 정립시키려는 노력을 기울이고 있다. 매월 1회 학술세미나와 학술답사를 개최하고 여름과 겨울에는 외국의 생태문화자원에 대한 답사를 진행하는 등 국내외 연구자 및 기술자들과 학문적으로나 기술적으로 교류하면서 연구성과를 공유하면서 생태문화 연구의 양적 질적 향상을 도모하고 있다.

생태문화포럼 출범에 맞추어 학술적인 목적으로 백두산에 오르기 시작하여 지난 15년간 백두산을 10여 차례에 걸쳐 구석구석 살펴보았고, 백두산에서 시작되는 압록강과 두만강은 발원지에서 하구까지 강물따라 함께 흐르며 살펴보았다. 두만강 하구 녹둔도와 마지막 구간은 러시아 하싼지역을 찾아 마침내 전 구간 답사를 완성하였다.

저자는 이 책을 통해 백두산을 경외하고 사랑하는 마음을 작게나마 표현할 수 있는 것을 자랑스러워하며, 오늘도 백두산에 이어 압록강과 두만강, 그리고 우리 땅과 온 지구 곳곳에 감춰진 생태문화의 흔적들을 찾아 나선다.

우리역사가 시작되는

# 백두산의 생태문화

초판인쇄 | 2019년 2월 22일
초판발행 | 2019년 2월 25일

저　　자 | 구본학

발 행 인 | 이성범
발 행 처 | 문운당
주　　소 | 서울시 종로구 혜화로5길 16 (명륜1가 45-3)
전　　화 | (02)762-6010
팩　　스 | 영업 (02)745-0265 / 편집 (02)762-8758
이 메 일 | 영업 munun2@chol.com
편집 munundang@naver.com
홈페이지 | http://munundang.co.kr

ISBN 979-11-5692-388-6 93530



**정가 20,000원**

이 책은 2017년도 상명대학교 연구비 지원으로 발간되었습니다.